不靠谱的平均值

THE AVERAGE IS ALWAYS WRONG

（英）伊恩·谢泼德／著

张　翎／译

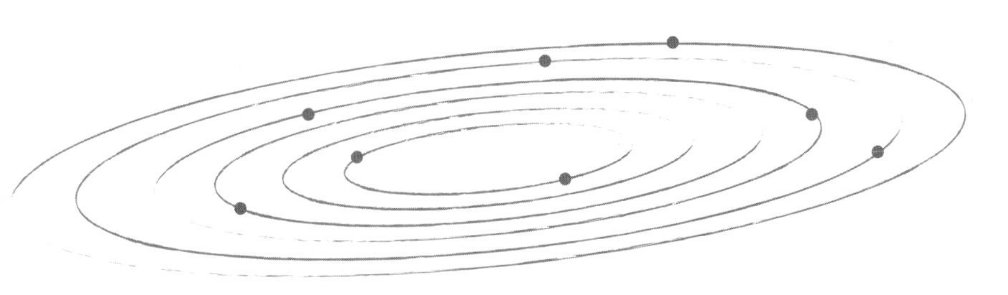

化学工业出版社

·北京·

内 容 简 介

在很多地方，我们都可以看到人们在谈论数据。

我们发现，到处都有概念词——“数据科学”“机器学习”“人工智能”等，那么它们的真正含义是什么呢？最重要的是，这些对我们的工作和生活又有什么影响呢？这本书将会告诉我们答案。

本书包含大量的真实案例及详细分析，读者将会对数据的真实价值及分析技术有一个全新的认识，有效的数据利用可以帮助个人和企业实现利润飞长。

The Average is Always Wrong，1-1，edition by Ian Shepherd.

ISBN 978-0-85719-812-9

Originally published in the UK by Harriman House Ltd. in 2020, www.harriman-house.com.

本书中文简体字版经同舟人和文化由 Harriman House Ltd. 授权化学工业出版社独家出版发行。

北京市版权局著作权合同登记号：01-2022-5256

图书在版编目（CIP）数据

不靠谱的平均值 /（英）伊恩·谢泼德（Ian Shepherd）著；张翎译．—北京：化学工业出版社，2022.9

书名原文：The Average is Always Wrong

ISBN 978-7-122-41822-7

Ⅰ．①不…　Ⅱ．①伊…②张…　Ⅲ．①数据处理-指南
Ⅳ．①TP274-62

中国版本图书馆 CIP 数据核字（2022）第 123069 号

责任编辑：罗　琨　李姿娇　　　装帧设计：韩　飞
责任校对：边　涛

出版发行：化学工业出版社（北京市东城区青年湖南街 13 号　邮政编码 100011）
印　　装：三河市双峰印刷装订有限公司
880mm×1230mm　1/32　印张 8½　字数 154 千字　2023 年 5 月北京第 1 版第 1 次印刷

购书咨询：010-64518888　　　售后服务：010-64518899
网　　址：http://www.cip.com.cn
凡购买本书，如有缺损质量问题，本社销售中心负责调换。

定　　价：49.80 元　

献给吾妻布里奇特

·致 谢·

一本商业图书的问世，除了作者的构思和学识之外，也离不开其他人的努力、指导和支持。这些年来，我何其有幸，能够与一些在企业数据研究领域冲锋陷阵的专业人士共事，为一流企业家及其公司发展提供服务。因为工作关系，我得以有机会了解到这些企业的经营情况，并从相关案例中积累了丰富的经验。这让我深感自豪，且内心充满感恩。

具体而言，在撰写《不靠谱的平均值》这本书的过程中，我拥有了与数据分析及客户洞见方面顶级专家交流思想的良机。从他们那里，我不仅收集到许多经典案例，还获得了不少宝贵的建议。我想借此机会，感谢克莱尔·艾利斯（Clare Iles）、乔恩·鲁多（Jon Rudoe）、丹尼·拉塞尔（Danny Russell）和史蒂夫·德洛（Steve Delo）的鼎力支持和睿智建议，这份情谊令我毕生难忘。我尤其要感谢史蒂夫，他还帮我校对了大量前期书稿，提出了非常好的建议。如果你在本书中发现了谬误，那必然是我的问题；如果你从中获得了独到见解，则多半是我从这四位优秀老师那里学来的。

最后，感谢我的妻子布里奇特（Bridget）。她既是创业公司的老板，又是出色的数据分析专家。本书的很多内容，便来自她的精辟洞见。

等等，为什么说平均值不靠谱？

在营销分析会上，“我们的客户平均每月光顾2.3次”等说法不绝于耳。这数字真是算得够精确的。接下来，大家很可能会继续讨论，公司应该如何将客户月光顾次数的平均值提高到2.4，却不太会去深挖隐藏在平均值背后的基础数据。

可是，平均值究竟是什么？这个数字意味着什么？我们应该如何解释“客户的月平均光顾次数”？在这个简单的统计数字背后，又隐藏了哪些重要信息？

不妨设想以下两种场景。

- 场景一：大多数客户确实会每个月光顾2～3次。

你的客户大都是常客，你可以通过深入研究客户对产品的使用反馈，增加客户的光顾次数，将平均值从每月2.3次提高到更高水平。

● 场景二：事实上，有10%的客户每月光顾了20次，而其余90%的客户每3个月才光顾1次。在这种情况下，客户的月平均光顾次数也正好是2.3次，但所反映的经营状况却截然不同。面对如此现实，你一定很想知道，为什么有些客户会如此频繁地光顾？他们与大多数普通客户有何不同？抑或，那些极少光顾的客户其实也经常买东西，只不过，他们是你竞争对手的常客？

只需对这些简单的表面数字稍加挖掘，就可以为企业领导者创造出巨大价值。这里有趣的不是一组数据的平均值，而是这个汇总数字的方差和区别。当有人告诉你，你的客户平均每年在你的店里消费3次，消费金额约为100英镑，成为客户的时间为两年半时，此人所提供的数字，其实远非事情的全貌。

在现实中，几乎没有客户会这样行事。客户与客户之间的差别是十分有趣的。现代数据科学的强大之处就在于，能够通过复杂的算法，带你领略数据真正的丰富性，同时领悟其背后的深意，而不是仅仅满足于一些简单的汇总数字。

数据之争

分析会上提到的所有平均值背后，蕴藏着大量的基础数据。当我们探讨全球消费行业的发展时，数据始终是一个重要话题。一家企业有没有掌握全部数据？其客户忠诚度计划是否行之有效？为客户带去了哪些切实的好处？企业有没有利用机器学习和人工智能等前沿技术来提高利润？企业以客户为中心的程度如何？它又是如何利用“大数据”来实现这一点的？

人人都有充分的理由去关注数据。目前，科技进步带动了网络电商的崛起。电商不需要承担昂贵的店铺租金，也不必拘泥于传统投资形式，这对世界各地的消费行业实体店铺构成了巨大挑战；这些新兴电商的优势并不止于此，他们的手里还掌握着大量的客户数据。要想在网上购物，客户就必须要提供自己的电子邮箱，多半还需要提供真实住址。电商获取客户的个人数据，已经成为一种默认行为。毋庸置疑，他们必定会好好利用自身的数据优势，建立各种预测模型，对客户进行判断。与竞争对手实体店相比，电商更有能力去刺激每位客户进行更多的消费。

当股东和分析人士提出应该如何利用客户信息创造价值的问题时，作为消费类企业的管理者，如果我们表现出一副厌烦和不置可否的样子，也是情有可原的。毕竟，需要我们不断去投资的新领域总是层出不穷，诸如新闻稿中提到的“人工智能”云云，听起来难道不让人感觉更靠谱吗?

对于忙碌的管理层而言，不重视数据分析工作，其实是可以理解的，因为数据分析的“负面”影响日趋明显，也时常遭人诟病。比如在国外的一些选举中，大数据会被用来影响舆论，甚至是操控舆论，且全球互联网巨头们不断收集人们个人信息的现象也令人触目惊心。

不过，我们也应该考虑到，在真实世界中，数据分析的下列应用实例。

（1）企业利用计算机分析客户在邮件中的措辞，例如“我的快递仍未收到”等，从众多邮件中优先筛选出紧急邮件，以确保客服团队在服务客户时，进行最合理的时间安排。

（2）零售商根据客户的消费模式准确建模，预测重点客户从何时开始疏离该品牌（或转向竞争对手），并在与该客户沟通时，定制有针对性的沟通内容。

（3）零售商建立销售预测模型，确保给每一家店铺分配合适的新品库存数量。

（4）电影院根据消费者对个别影片的放映需求，采取实时动态定价机制，从而大幅提高单次影片放映的平均利润。

打造以数据为导向的企业

上述所有案例，以及本书后文中探讨的许多案例，皆以数据为基础。当一家企业采用了以数据为导向、以客户为中心的经营模式后，数据就会给企业带来真真切切、实实在在的利润。巧妙利用我们手头的经营数据，可以显著提高企业的赢利能力和现金流。这种改变并不是拥有博士头衔的硅谷天才们和超级计算机的专利。放眼当今世界，在各行各业中，不论是线上销售还是线下销售，都充斥着以数据为中心的经营策略。

那么，消费行业中的企业，怎样才能转型为以数据为导向呢？这是摆在许多企业管理团队面前的一大难题，也是一个势在必行却又难以落实的问题。举例而言，在零售行业中，许多企业管理者往往会相当关注与供应商的关系，重视采购和销售工作；而在进行决策时，他们却很少将真实的客户数据纳入考虑范围。在这些企业中，一代又一代的领导者凭借自己的产品知识、谈判能力、经营和组织能力，不断地为企业开辟新的局面，但他们从未认真考虑，应该如何从大量的客户数据中挖掘价值。

对于许多管理团队而言，“讨论数据”让人感到奇怪而陌生。结果，一些企业在数据分析方面完全没有任何投入。但是，也不乏一些企业很清楚自己应该做什么，他们在聘请了行业专家或顾问的同时，也在自行研究数据，开启了以数据为导向的经营时代。

本书主要内容

企业的领导者，是时候开始拥抱数据，了解数据分析对企业和团队经营的重要意义了。

本书的目的就在于此。我之所以写这本书，并不是为了把一个外行人士变成一个数据迷，废寝忘食地构建人工神经网络（Artificial Neural Network，缩写ANN，在机器学习，尤其是深度学习领域被广泛应用），兴高采烈地进行统计显著性测试。这既不可能，也没必要。

相反，我的目的是为企业管理者提供一个新的角度，看看数据能带给我们什么，通过案例展示一些能够提高利润的数据分析技巧，以及一些简单流程，让管理者的工作能更加趋近于以数据和客户为中心。

在企业向“以数据为中心”转型的过程中，有能力处理大数据集并完成复杂的数据分析工作的数据专家是必不可少的。你需要聘请这样的专家，或通过其他方式让他们为你工作。这本书虽然不能将读者变成一个数据专家，但有助于读者打开思路，在数据方面进行适当投资，释放出数据的神奇力量。这本书还能帮你勇敢地迈出向“以数据为中心”转型的最艰难一步：改变企业文化，和与你肩负相同使命的伙伴形成统一战线。

下面，我将通过简述本书三大部分的主要内容，介绍如何将数据分析打造成企业的核心业务。

第一部分的主要内容是数据分析。主要介绍：企业拥有丰富的客户和业务数据时，究竟可以做些什么？将数据转化为利润的最佳实践是怎样的？一些流行语和“时下”分析技术的真正含义是什么？如果企业领导者对数据一无所知（从上学起就没有思考过任何统计问题），应该如何提升自己，有效地管理一家以数据为中心的企业呢？

第二部分的主要内容是数据收集。对许多零售企业和酒店企业而言，获取客户数据并不像电商那般容易，但是，发挥数据分析的潜力依然至关重要（这一点我们已经在第一部分中谈过）。那么，如何才能确保我们尽可能多地了解客户、店铺和库存数据，并确保得到的数据是安全、可用且有用的呢？我将带领读者回顾一些或明显或隐蔽的数据源，帮助你提高企业管理能力。我们还将和读者一起探索一些能够让你的企业获得真正优势，以便在竞争中获胜的数据源。

最后，在第三部分中，我们将主要探讨如何打造以数据为中心的企业。我们都知道，帮助企业管理者们形成精明洞见是一回事，将这些洞见转化为利润是另外一回事。这需要企业决策层彻底转变经营模式，从根本上改变企业文化。我们需要采取许多务实措施，将数据作为企业一切工作的重中之重。要将数据转化为价值，还需要与实际客户、产品和供应商重新建立联系，这才是数据背后的真正内涵。我们必须将数字构建的理论世界与真实世界联系起来，形成线下客户和线上客户的体验反馈，只有这样，才能通过数据分析，将洞见转化为利润。

在此，我希望能够通过一种对企业管理者而言熟悉且有效的方式，介绍上述三个部分的内容。在此过程中，我们将会遇到一些技术问题。不过，这些都不是那种只有首席技术官才能听得懂的高深问题，所以不要紧张。在进行数据分析时，我们甚至还会遇到一些数学问题，但我会以最浅显易懂的方式加以解释，保证每个人都能看懂。在讨论数据问题时，我们无须感到恐惧或焦虑，而应该让其自然而然地成为企业战略的一部分。

在阅读本书的过程中，你会发现有些章节存在一些单独标出的、对书中涉及的重要术语和概念进行解释的部分。如果这让你联想到了读书时代数学课堂上不甚愉快的经历，不妨在初次通读时直接略过，这些内容并不会妨碍你理解这本书。不过，在重读本书时，我还是建议你试着去仔细阅读一下这些内容。这些概念并不属于单纯的“数学”概念，它们对于转换思维方式很有帮助。

你为什么需要这本书

在了解数据的过程中，我们会举例分析。其中有些案例的信息是公开的，另一些则因为涉密而做了匿名处理。但所有这些案例，都是将数据转化为利润的行之有效的真实案例。

在阅读本书时，你可以一边读一边与自己的团队进行探索——没有任何案例比你自己的企业更适合你去研究。通过对自己手头的数据进行力所能及的分析，你就拥有了率先践行本书理论的机会。

作为一门新兴的重要学科，数据科学还有更为复杂的分支，如机器学习等。它总是带给人一种神秘感，让人仿佛看到在企业高管的待办事项中，又出现了一个未知的新任务。

而咨询顾问和外包团队出于自身利益的考虑，有时甚至会让事情变得更糟。他们会极力让你相信，数据科学是你无法理解的领域，你只能花大钱来购买他们的数据分析服务。

千万别被这群高智商的聪明人给忽悠了。读了本书之后，你就会发现，机器学习技术其实通过一张 Excel 表就能完成。从解决问题的角度考虑，我们讨论的有些话题的确比较复杂，最好是交由专家完成，但是，从理解的角度考虑，并没有任何问题是难以理解的。如果我们的企业管理团队愿意拥抱数据科学，也有能力向专家提出关键问题，就一定能让企业发展得越来越好。

如果一切进展顺利，企业向以数据为中心转型的过程一定会成为业界的佳话。由数据的怪异分布可以推导出许多有趣的解释，从而形成新的产品和服务创意，产生新一轮业务数据，引领企业的业务不断向前发展。如果一家企业只把数据分析当成“一张皮”，认为这应该是专家们在年报中讨论的内容，和真实业务相去甚远，那么数据分析就失去了价值。但是，作为推动企业发展、建立客户关系的重要组成部分，数据分析其实可以成为管理者手中的利器。

现在，让我们从本书的第一部分开始，一起探索那些有可能改变企业命运的数据分析技术吧。

目录 CONTENTS

第一部分

利用数据分析推动利润增长

在本书第一部分中，我们将了解利用数据分析，推动利润增长的多种方式。

首先，我们将复习数据分析的几个核心概念，并对本书中出现的一些相关术语加以定义，通过熟悉数据基本知识，加深我们对数据的理解。其次，通过案例分析，详细介绍企业在忽视数据分析的情况下，经常出现的一些决策失误，并阐释其中所涉及的数据分析技术，例如数据聚类等“非监督”分析技术，以及构建预测模型等“监督”分析技术。

为了能够很好地解释分析模型的结果，我们将会用到统计学和概率论中的部分知识。现在，我们将从实际出发，思考企业应该如何利用数据分析技术，了解业务经营现状，向数据分析团队提出关键问题，从而推动业务创新，实现利润回报。

✦ ✦ ✦

✦ *chapter 1* ✦

第一章

一些重要概念

本章我们将详细探讨隐藏在平均值（本书有时简称“均值”）背后的重要数据，并了解当我们深挖数据价值之后，给企业带来的种种好处。其中，我们将着重介绍一些相关的术语，以便读者更好地理解后面章节的内容。

数据语言

在我们昂首阔步，追求数据转化的利润之前，为了能够准确地探讨问题，我们必须首先熟悉一下相关的数据语言。

与企业领导者感兴趣的许多其他话题一样，数据分析领域也充斥着各种专业术语。让我们先来定义一些简单而实用的常见术语。

数据是指你能了解到的关于企业的一组信息。它可能是关于客户的事实信息，例如地址；或是关于客户的行为，例如他们曾经在你这里发生的购买行为；抑或是关于企业的事实信息，例如某个店铺中特定产品的数量；又或是关于其他任何方面的任何数字。以上每种事实信息都是一个数据点，当它们集聚在一起时，就能代表一个考察企业的微观视角。透过这个视角，可以了解到你的企业、客户以及合作伙伴和供货商等更大范围的情况。如今，只要能够掌握、理解数据，并利用数据创造价值，你就能带领企业在数据的海洋中尽情遨游。

数据库是用来存放数据的地方。有了数据库，你才能够就数据提出问题。现在，许多不同的技术方案和平台都能够提供数据库服务，所以本书不会过多地介绍数据库的技术细节。不过，我们将介绍如何利用数据库，以及如何针对数据提出问题。当你拥有了大量数据时，就可以运用不同的底层技术来处理和加工这些数据了。

数据科学是一整套数据分析工具的总称。通过应用这些工具，你可以从数据中提炼知识，获得洞见全局的机会。在本书中，我们将列举大量相关案例并加以说明。在类似的上下文中，你还会看到“数据挖掘”这一短语。数据科学领域包含许多相关的分析技术，本书涉及其中一种重要的划分——“监督”分析技术和“非监督”分析技术。其中，“监督”分析技术即通过数据科学，来尝试解决具体问题，例如预测客户未来的行为；“非监督”分析技术即通过聚类分析的方式来理解数据，例如对数据进行分类，形成数据段或数据簇。

机器学习是数据科学的一个专业领域。它通过计算机对模型和数据进行匹配，进而建立预测引擎，帮助我们对未来进行预测，比如预测特定客户最想购买的产品等。你可以将机器学习当作人工智能的一个分支，包含建立计算机程序、从数据中模拟学习等内容。在各种会议上，我们常常会听到人们谈论人工智能一词，其实，人工智能也是一个经常被错误使用且炒作过度的词。在以数据为中心的企业，虽然自动化仓库等人工智能手段也被应用于企业发展，但机器学习才是与企业发展联系最为紧密的人工智能分支。

神经网络是一种用于数据分析的特定机器学习模型，尤其适用于复杂数据集和复杂问题的分析。之所以称为神经网络，是因为其使用的算法与人类大脑中神经元的相互连接方式极为类似。神经网络是众多数据分析技术中的一种，数据专家会根据我们试图解决的问题，来决定是否需要使用神经网络这种技术，而且神经网络并不总是最好的解决途径。

另外，需要说明的是，以数据为中心的企业（公司）是本书中常用的一个表述，用来描述我们追求的最终目标。那些擅于从数据中挖掘价值的企业往往具备一些共同特征和能力，我们将在后面的章节中一一揭晓。

在本书中，我将尽量使用大家都能理解的语言来解释问题，避免出现过多的专业术语。假如有人告诉你，他们正在“云端数据湖中部署一些算法”（意思是他们正在一个很大的数据库中进行数据科学研究），别忘了要求他们像我这样，用通俗易懂的语言来描述。

为什么说均值恒错？

还记得我之前举过的那个例子吗？在一次营销分析会上，身为企业领导者的你得知企业的客户平均每月光顾 2.3 次。我们已经简单分析了这个平均值可能产生的误导。但是，故事并未就此结束。此类营销分析接下来往往会提及客户的人口分布情况。你可能会听到：你的大部分客户的年龄都高出该品类消费者的平均年龄，而且他们生活在西北地区，爱好养宠物。

然而，这究竟是不是真的呢？假如全国只有 10% 的人口居住在西北地区，而你的客户中却有 15% 来自该地区，那么，这确实证明了你的客户更多地居住在西北地区。但是，还有 85% 的客户并不住在西北地区，这也是事实。因此当员工将图表呈现到你面前时，相信上面的数字是一件很容易但不准确的事情。

我们需要想办法，看穿这些（误导性的）统计汇总结果，搞清楚其背后的数据真正反映的企业经营情况。

认识 blob 对象[1]

不妨以一家虚构的零售企业为例进行分析。我们用图 1-1 中的圆形斑点来代表客户，称之为 blob 对象。在现实世界中，每个客户都有自己的名字、住址、样貌和各自的背景，blob 对象也是一样。但为了便于分析，我们将其简化为图中的数据点（如图 1-1 和图 1-2 中，横坐标表示 blob 对象的序号）。在有些图中，blob 对象看上去是一模一样的；而在另一些图中，它们会根据相同行为或已知特征，被归至不同的分组当中。其实，许多分析技巧都是基于对数据的归类，例如按照客户购买某件特定产品的可能性进行归类等。

首先，让我们来看一看 blob 对象每周在这家虚构零售企业的消费情况。

看到图 1-1 中的内容，你会不会马上联想到数学课？让我们通过统计的方法，来描述一下从图中观察到的情况。

[1] 对图像中相同像素的连通域进行分析，该连通域称为 blob。

我们的 blob 对象每周消费均值（也就是我们平时所说的算术平均值）为 73 英镑。其计算过程是将所有 blob 对象的消费金额相加，再除以 blob 对象的个数。图 1-1 中，blob 对象共有 8 个。

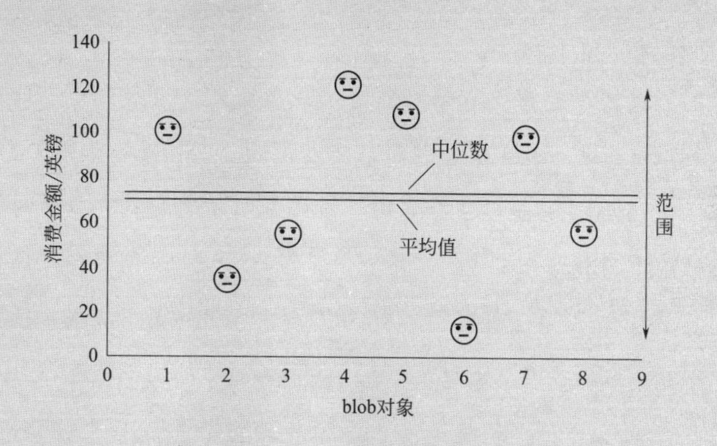

图 1-1　blob 对象每周在该企业的消费金额

如果对所有 blob 对象的消费金额按照由低到高的顺序进行排序，那么最高金额和最低金额中间位置的数值，就是每个 blob 对象消费金额的**中位数**。由于 blob 对象的个数为偶数，其中位数应该等于排在中间的两个数据之和除以 2，即 76.50 英镑。中位数的意义在于，刚好有一半 blob 对象的消费金额小于它，而另一半则大于它，它相当于一个中点。请注意：平均值和中位数未必相等。实际上，两者可以相差很多。假如在10个blob对象中，有9个每周消费1英镑，有1个每周消费91英镑，那么每个blob对象的平均消费金额为10英镑（100英镑除以10），而其中位数仅为1英镑。

我们希望将所有客户作为一个数据集来进行分析、计算，但光靠平均值和中位数，难以说明真实情况。如图1-2所示的两组blob对象分布图，恰好说明了这一点。尽管两张图中的数据分布截然不同，但其实两图的平均消费金额均为73英镑，中位数也均为76.50英镑。由此可见，我们必须得到更多的数据，才能真实地描述blob对象的消费特征。

中位数和平均值无法充分体现两种分布的巨大差异，但是，**标准差**（standard deviation）能够做到这一点。在上述3组数据中，blob对象每周消费金额从高到低的分布情况存在着很大差异。但不可否认的是，光靠这个上学时学过的统计学知识点——标准差，的确就足够我们完成后续的数据分析了。

标准差所衡量的，是数据分布情况与平均值的离散程度。如果数据的数值十分相近，则其标准差会相对较小；如果数据分布范围较广，则其标准差会相对较大。

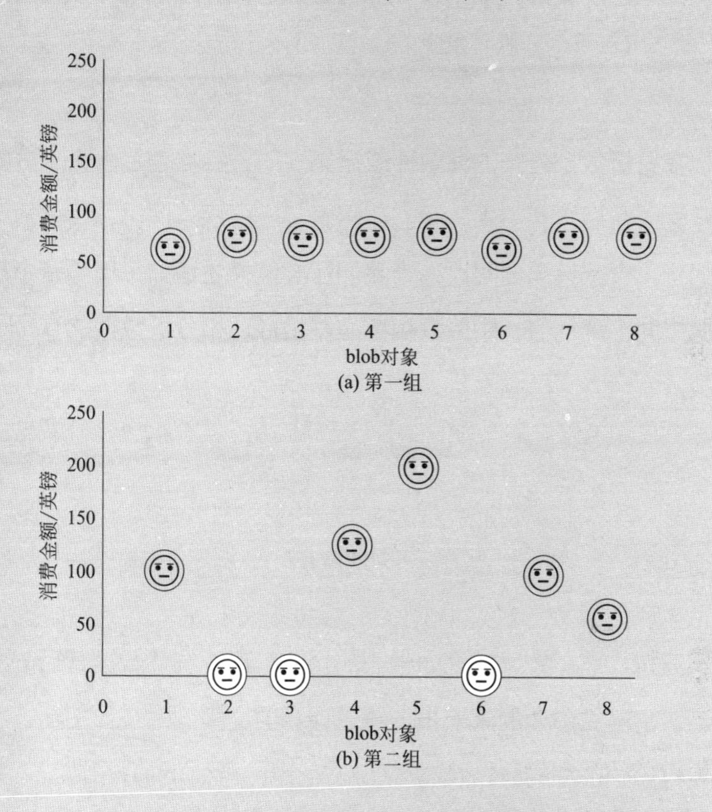

图 1-2　blob 对象每周在该企业的消费分布图

在上述第一组 blob 对象数据集中，其每周消费金额的标准差为 37 英镑。实际上，它代表的是单一的 blob 对象数据与平均值之间的平均距离。从数学角度看，标准差其实就是每个数据点与平均值离差的平方的算术平均数的平方根。

在分析数据分布的离散性或聚集性时，标准差是一个十分常用的概念。在后续章节中，我们还将对其进行深入探讨，目前暂时点到即止。大家只需要明白，当我们在尝试描述诸如每周消费金额等数据集时，平均值、中位数和标准差是描述和分析数据的 3 个重要变量。

均值背后

要想打造一家以数据为中心的企业，理解统计数据背后的细节信息，是至关重要的第一步。通过计算前文提到的统计指标，或直接观察原始数据的分布状态，了解每个单一数据的分布情况，有助于我们避免被平均值误导。

我们可能会接着问：这样做的意义何在？事实证明，用这种方式分析数据，对企业发展大有好处。了解这些术语，对于我们规避诸多的经营陷阱很有帮助。

在我们的 blob 对象中，虽然 73 英镑是全部消费金额的平均值，但是并没有哪个客户真的每周消费了 73 英镑。有的人消费得更多，有的人消费得更少。利用标准差，我们拥有了对消费情况进行量化分析的方法。

在分析企业的统计数据时，标准差是非常强大的分析手段。

在业务报告中，你可能会听到“本店产品的平均库存期为 3 周”。为了得到关键的策略见解，不妨针对平均值偏差提出问题，或者干脆要求查看数据的具体分布。产品的平均库存期为 3 周或许没什么问题，但是，假如有少数店铺的平均库存期长达 20 周，你可能就该有所行动了。

延伸思考

与贵公司业务相关的统计数据有哪些?

你可能会选择一些与营业额相关的指标，例如客户的平均光顾次数，或举办促销活动时客户每周的平均消费金额等。

你可能还会选择一些运营数据，例如每家店铺的销售转化率，或不同渠道的库销比等。

不论你选择了哪些指标，都务必深挖简单的平均值背后的基础数据。你最先得到的平均值通常只是个算术平均值，而中位数是多少呢？此外，标准差又是多少呢？

最后，还要看一看计算平均值的实际数据点的分布图。这和我们假设的案例一样，你往往能够从具体数据中，一眼就看到那些与众不同的数据点形成的分组。

统计数据何时才有意义

我们刚刚所做的，是通过简单的描述性统计数据，理解我们的客户（店铺、产品或供应商）并非都一模一样。对企业而言，这是通过数据分析，挖掘企业长期价值的开始。下一章，我们将在此基础上展开进一步讨论。

在此之前，我们还需要提前了解最后一个有助于我们分析数据的统计学概念。它不是一个新的数据衡量指标，而是帮助我们理解每种指标重要性的一种方法。它就是**统计显著性**（statistical significance，又称显著性）。

假设你的企业在南、北两个地区各设有一个销售网点，每个网点均配备了许多销售人员对客户进行电话推销。现在，我们从两个网点中，分别随机挑选一名销售员，比较两人上个月的订单转化率。

结果，北方网点销售员的订单转化率更高。那么，你是否就此得出结论，认为北方网点的业绩水平比南方网点更胜一筹呢？

我猜你不会。你的结论之所以会和随机实验的证据存在差距，是因为你已经本能地考虑到了统计显著性问题。很有可能，所选的那个北方网点的销售员只不过刚好是个销售达人，他一个人无法代表北方网点所有销售员的业绩水平。

同样地，那个南方网点的销售员也可能只是碰巧在上个月业绩较差，或运气欠佳。因此，他也代表不了南方网点的整体业绩水平。

现在，假如我们对两个网点中每个人的业绩逐一进行比较，并发现其中一个网点的平均业绩高于另一个网点，那么在这种情况下，我们才有理由得出谁比谁更好的结论。而仅凭两个网点各一名销售员的业绩来判断这两个网点的业绩水平，实在是过于随意了。

显著性水平（significance level）是统计学教材中的一个知识点，与这部分相关的数学问题会相对复杂一点。另外，还有一些问题值得引起注意。具体而言，假设北方网点的平均订单转化率为15.2%，南方网点为12.8%，那我们是否能够就此推断，由于两个网点在业绩（或市场）结构上的差异，导致北方网点实现了较高的订单转化率呢？抑或我们所看到的业绩差异，其实纯属偶发事件？对此，我们需要注意以下几点。

统计显著性的意义就在于，对两种假设进行比较。在上面的例子中，我们比较的是“北方网点的业绩优于南方网点”的备择假设（alternative hypothesis），以及“南北业绩不分伯仲，数据差异纯属偶发”的零假设（null hypothesis）。

这个问题的答案，需要利用显著性水平对应的临界值来进行界定。我们时常会听到统计学家和研究人员说“这些业绩数据的显著性水平为 95%”之类的话，也就是说，业绩差异的偶发概率不足 5%。

如果你有兴趣，我们还可以从数学角度思考一下。在上面的例子中，我们通常做出的零假设是：南北网点的销售员其实并无差别，每人的业绩也都接近于平均水平，呈现出经典的钟形曲线分布（后文中，我们将详细介绍这种曲线）。当我们从两个网点中随机抽取两组业绩数据之后，就可以通过数学方法，计算出两组随机数据的差异，并得出此差异与原假设中两个网点真实情况的相符概率。如果相符的概率低于可接受的临界值（在本案例中为 5%），那么，我们就有 95% 的把握认为，实际上，两个网点的销售情况并不相同，其人员情况不同，业绩水平也不同。

鉴于数学的关注点在于，我们能否从同一群体中抽取两组样本数据，并发现其差距（如业绩上的这种差距），所以可想而知，抽取的数据越多越好。如果你只有少量样本的数据，就很难得出结论，但如果你有很多数据，你就能对观察到的差异更有把握。

你观察到的差异数值越大，其偶发的概率就越小，它们也就越可能成为两个团队业绩水平差距的实证，其意义与单一平均值之间的随机差异是截然不同的。

回到所有统计数据对企业业务的影响上，当你注意到了两组数据之间的差异时，一定要问一下数据提供者对这两组数据差异显著性水平的看法，之后再做判断。

显著性的商业意义

多年来，企业由于忽略统计显著性而付出惨痛代价的案例屡见不鲜。举例而言，假设在你的客户当中，有 15% 属于退休人员；而市场报告数据显示，退休人员在某款特定产品购买者中的占比为 19%，明显高于其在其他产品购买者中的平均占比。

企业管理层很可能会因为退休老人购买产品的占比较高，而将该款产品定性为“退休老人产品”。如果将该数据形容为“退休老人对该产品的购买指数高达 127”（这是许多行业研究报告中的惯用表达），管理层恐怕更是会这样定性。不过，虽然这样的用词具有一定意义，但也极具误导性。这里的指数值 127 是通过

19 ÷ 15 ≈ 1.27 计算得来的。也就是说，从某种意义上看，退休老人购买该产品的人数要比购买普通产品的人数高出 27%。这是事实，毋庸置疑。但现在我们已经明白了，只有在知道该组数据的初始占比时，这个指数才有意义。因为倘若初始占比就很小，那么即便该指数再高，实际占比也高不到哪儿去。

有了统计显著性的概念，我们就能够想象到差异更大的情形。基于样本规模的不同，这些数据可能无法全部反映出真实情况。或许只是刚好在那天，在那家店里，购买这款产品的顾客碰巧都岁数比较大而已。所以，在着手为商品制定促销活动之前，一定要先主动询问数据分析结果的显著性水平。显著性的计算过程相当复杂，一般来说，负责生成数据的团队也应该负责显著性的计算工作。在根据数据分析结果制定企业决策之前，这一步是必不可少的。

危险的钟形曲线

在你完全相信数据分析团队关于显著性的答复之前，还有一点需要注意：显著性水平临界值的计算有可能会非常复杂。不过，如果我们对查看的数据做一些假设，那就简单多了。举个例子，如图 1-3 所示，我们可以假设，随机选取的数据以较好的对称形态分布于中心均值附近。

图 1-3 中，数据分布呈钟形，我们称之为“正态分布”（normal distribution）。正态分布的数据具备一些有意思的特性，其中最为有趣的是，68% 的数值分布于距（高于或低于）平均值一个标准差的范围之内，95% 的数值分布于距平均值两个标准差的范围之内。

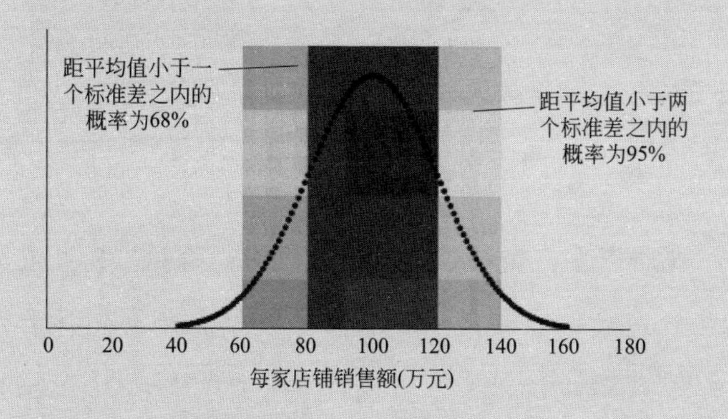

图 1-3　每家店铺销售额的标准正态分布

不过，在现实世界中，数据，尤其是商业数据，往往并不是正态分布的。如图 1-4 所示，我们需要考量的许多数据都不可能为负，但有可能具有很高的显著性水平，比如客户平均访问频率、销售转化率、库存水平等。除了正态分布，数据以其他形状分布时，也是可以计算统计显著性的，只是计算难度会更高一些。

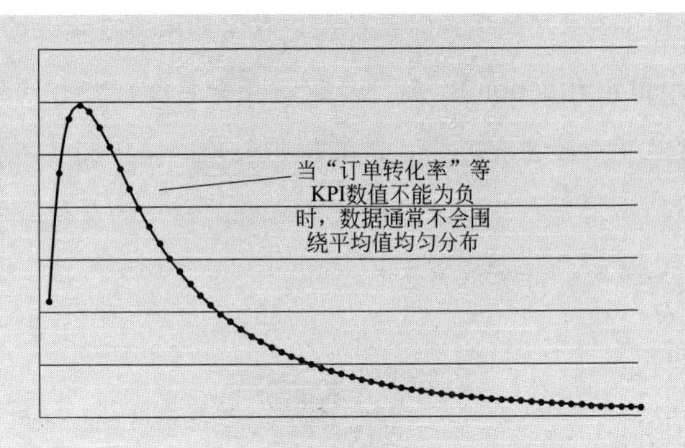

图 1-4　真实商业数据的分布形态

我们现在已经具备了显著性方面的意识，因此直觉也能帮助我们来进行一些判断。所以，当我们注意到数据差距较小，且有可能是随机发生的时，一定不要仅凭这些观察（客户在某个市场中的行为不同于在其他市场中的行为）就做出重大的商业决策。我们一定要观察更多的数据，或者等出现更为明显的差异时，再进行决策。

结论

在分析处理数据时，我们必须要深挖表面数字背后的基础数据。在商业领域，数据分析往往蕴含着将数据转化为利润的途径。

本章讨论的汇总指标，为你提供了实现上述目标的强大工具包。很多企业会聘请分析师和专家负责处理所有数据工作，管理层则根据他们的结论进行决策。通常情况下，大概率是可以这样操作的。不过，亲自去了解数据处理方式的一大好处在于，我们可以更深入地了解数据分析师的工作，从而更清楚我们应该从什么角度提出自己的诉求。

此外，管理者越懂数据，就越可能不被均值迷惑，避免做出那些代价高昂的错误决策。下一章，我们将看一个经典错误案例，之后再继续我们的数据分析之旅。

✦ *chapter 2* ✦

第二章

一个常见错误

本章我们将探讨一个奇妙的统计学现象，即一个常见错误。与其他错误相比，这个错误不仅会导致管理层对数据产生更大误解，还会对企业的时间和金钱造成更多无法估量的浪费。

让我们来设想这样一个场景：你手中掌控着多家店铺（餐厅或卖场），每家店铺的业绩却各不相同，有些经营得很好，有些则需要改进。

因此，你需要给这些店铺设立一些合适的业绩指标。于是，你给它们建立了业绩排行榜。从某种程度上讲，这是每个企业领导都做过的事情。排行榜是企业绩效管理的一大法宝，毕竟，没人愿意排在最后一名。因此，为了提高整体业绩水平，每家店铺都会积极部署激励计划，安排培训活动，提高中高层的重视程度。在我考察过的几乎全部开有分店的企业中，只要管理者有办法提高那些垫底店铺的绩效，就可以使整个企业的绩效实现大幅提升。

在建立了排行榜并昭告整个企业之后，你的目光自然而然会落在业绩最差的店铺身上。选出在排行榜最后 25% 的那些店铺，想一想：如何才能帮助它们提高业绩？在管理团队的策划下，你为它们制订了一个争上游计划，这些垫底店铺有可能得到胡萝卜（业绩提升的奖励），也可能得到大棒子（开除所有经理，换新人取而代之），或者赏罚兼而有之。一旦争上游计划开始实施，你自然很想知道计划是否奏效，看看这些垫底店铺的业绩能否追上企业的整体业绩水平。好消息终于来了，在争上游计划落实期间，垫底店铺的业绩增长了 8%，而企业的整体业绩增长了 3%，垫底店铺与其他店铺的业绩差距正在缩小。由此可见，你制订的争上游计划发挥作用了。

事实果真如此吗？

很遗憾，事实未必如此。在你的企业中，每家店铺的业绩都存在一定程度的波动性。如果将某一家店铺每周的业绩绘制成图表，你甚至会从中看到类似于第一章中的分布曲线——每家店铺大都能达到“平均”业绩（位于曲线中部），但由于业绩指标受到各种各样外部因素的影响，例如店铺所在的购物中心出现事故或员工接连生病等，店铺也有单周业绩较好或较差的时候。

现在的真实情况是，每家店铺的平均业绩都是不一样的。从企业整体投资的角度看，有些店铺业绩好，有些店铺业绩差。问题也恰恰出在这里。在规定的经营期限中，你在挑选垫底店铺样本的时候，不仅选择了那些业绩持续较差的店铺，同时还选择了那些平时业绩较好，但刚好在那一周（或月、季度）中业绩较差的店铺。

而抽选了偏颇（或偏差）样本的结果就是，假如在没有实施争上游计划的前提下，继续去考察相同的店铺样本在相同经营期限中的业绩，你会发现持续业绩差的店铺照样业绩差，但是那些因为单周业绩偶尔较差而在排行榜最后 25% 中的店铺，却恢复了它们正常的平均业绩水平。所以看起来，在计划实施后这些垫底店铺的业绩很快就得到了整体提升，而实际上，这只是因为那些偶尔业绩不佳的店铺发挥正常了而已。

如图 2-1 所示的箱形图展示了一段时期内 9 家店铺连续多周的业绩情况。每家店铺的平均业绩水平处于每个箱体的中段。箱体的上、下边缘分别代表着上四分位数和下四分位数的数值，也就是说，箱体内部的数值恰好为每周业绩数值的一半，而上下引线的顶点则分别代表历史最佳和最差业绩。

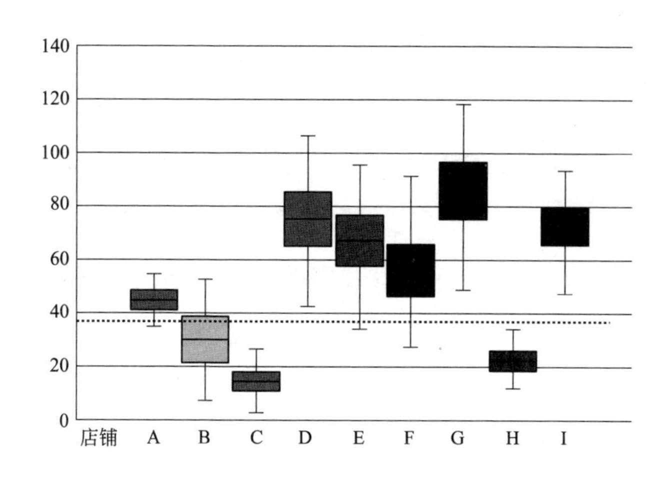

图 2-1　一段时期内 9 家店铺连续多周的业绩情况

假设在某一周，周业绩垫底的 3 家店铺的平均业绩位于虚线的下方，那么在这 3 家业绩垫底店铺中，C 店和 H 店理应包含其中，但 B 店（排名倒数第三）也有可能，而假如 A 店、E 店和 F 店的业绩刚好在这一周也比较糟糕的话，那么也是有入选可能的。

统计学家们为这种现象起了个名字，叫"均值回归"（regression to the mean）。在规定的时间点上，无论选取的业绩不佳样本包括哪几家店铺，在后续监测中，这几家店铺整体业绩都会显示出向中值或平均值回升的趋势。其原因就在于，随着时间的推移，那些因为运气不好而被纳入样本的店铺会逐步恢复正常。当然，反过来也是相同的道理。任何业绩优异的店铺随着时间的推移，也同样会呈现出向平均值回落的趋势。

这种有趣的统计学现象并不局限于店铺的业绩，在商业环境中，它同样适用于对个人绩效和不同部门之间的业绩排名进行分析。

了解了这一概念之后，让我们再来反思一下企业的业绩管理及营销推广问题。你有没有采取店铺优化措施？有没有仍然将那些渐行渐远的客户设定为自己的营销目标，并坚信自己所采取的措施对企业发展是有价值的？现在再想一下，你依然确定吗？

我们当然有办法知道这些措施的价值。在我们解释均值回归现象时，曾多次提到了“样本”（sample）一词。问题的核心在于，在企业实施争上游计划时，选取了一组偏差样本，而措施价值，也是基于偏差样本的业绩成果进行评价的。这就好比你抽取了一批病人作为样本，给他们服用你刚刚发明的药品，其中有些病人康复了，但并不是因为服用了你的药品，而是因为随着时间的推移必然会康复。如果你选取了业绩较差的店铺作为样本，那么其中必然有一定比例的店铺，不论是否采取措施，其业绩都会发生好转，因为在一开始，这些店铺就是因为偶发业绩不好才被纳入样本的。

想要真正检验争上游计划的实际效果，我们需要引入一个新概念。在本书中我们将会反复用到这个概念，它仿佛具有一种魔力，能够实事求是地呈现措施的效果。这个概念就是对照组（control group）。

在上述测试中，我们不应该只关注位列排行榜最后 25% 的垫底店铺，而应该从排行榜中随机挑选出一定比例的店铺，单独实施争上游计划。这样一来，在我们去衡量措施效果时，才可能有新发现。此时我们衡量的，并不是垫底店铺的业绩相对于整体店铺的业绩水平而言是否出现了提升（受均值回归的影响，极有可能出现提升），而是去衡量在垫底店铺中，采取措施的店铺与未采取措施的店铺相比，其业绩是否出现了提升。由于未采取措施的店铺是从排在最后 25% 的垫底店铺中随机形成的，因此其业绩也会在均值回归的影响下有所提升。于是，现在的问题就变成了实施了争上游计划的店铺，其业绩增速是否比对照组的业绩增速更快。如果其增速的确更快，那么，我们就有理由认为，争上游计划产生了积极效果。

在本书后面的章节中，我们将详细讨论对照组这一重要概念。以数据为中心的优秀企业在衡量决策效果时，一定会使用对照组这一关键概念。之所以会用对照组，除了均值回归的重要影响之外，还有其他原因。如果你想准确地了解究竟有多少人对采取的措施有所行动（例如对营销手段做出了回应），那么在确定措施的真正影响时，你就必须要参考对照组的结果。如果这些措施还涉及资金的投入，那么，能否正确衡量措施的提升效果，更是关系到企业的生死存亡。

结论

正如第一章所提到的，为了打造以数据为中心的企业，熟悉数据的基本概念是我们需要首先迈出的第一步。任何数据集都可以通过第一章中提及的汇总指标进行描述。通过平均值、中位数、标准差等指标组合，我们就能够对企业的经营概况有一个较为清晰的认识。此外，在了解统计显著性的概念之后，我们就能够有效地规避一些常见错误了，而不会去轻易相信，均值所反映的就是我们需要了解的全部内容。

现在，我们又搞清楚了均值回归的概念，也明白了在评判垫底店铺所实施的争上游计划的效果时，均值很可能会让人栽跟头。而在这种情况下，对照组可以助我们一臂之力。

除了对数据进行简单汇总之外，我们还必须安排专人完成店铺、库存、销售或客户等相关数据的图表绘制和分析研究工作。下一章，我们将深入浅出地介绍一些数据分析技巧。许多很强大的机器学习分析算法，实际上只是在模仿人类用肉眼即可完成的分类识别而已。接下来，我们将一起做一个肉眼识别试验。

✦ *chapter 3* ✦

第三章

从细节着手

本章我们将着手研究真实的客户数据集。让我们一起来看一看，通过简单地作图、画线，可能会得到什么错误的结论。最后，我们还将讨论，利用两种不同数据分析方法得出的策略究竟会相差多大。

直线：危险的陷阱

我们再来回顾一下 blob 对象分布图（图 3-1）。这次，我们将从两个维度来考察 blob 数据。坐标横轴为 blob 对象的客户关系持续时间，纵轴和第一章一样，为客户每周的平均消费金额。

现在，我们可以通过这种有趣的方式，来考察我们的客户群了。如图 3-1 所示，老客户的消费水平比新客户明显要低一些。在看到这样的数据时，我们很可能会去猜测，这其中是否存在着某种因果关系——是否存在某种原因，可以解释为什么老客户在我们店里的消费金额越来越少了？

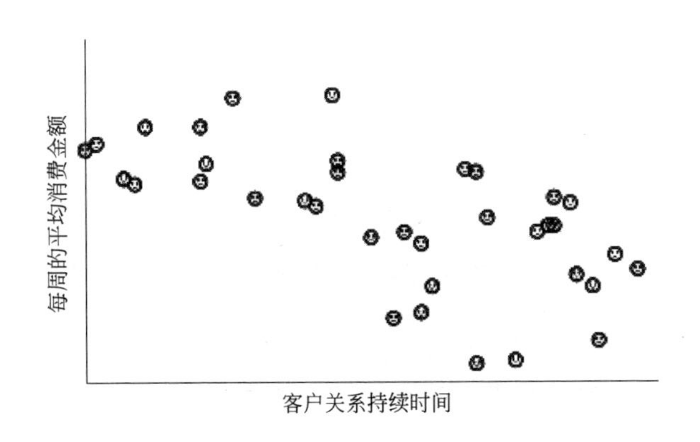

图 3-1　blob 对象每周的平均消费金额与客户关系持续时间（一）

通过做辅助线，我们可以让上述思考过程变得更有说服力。这条辅助线，就是大家在企业图表中十分常见的最佳拟合线（line of best fit）。

在图 3-2 中，最佳拟合线是与大部分数据点距离最近的虚线。

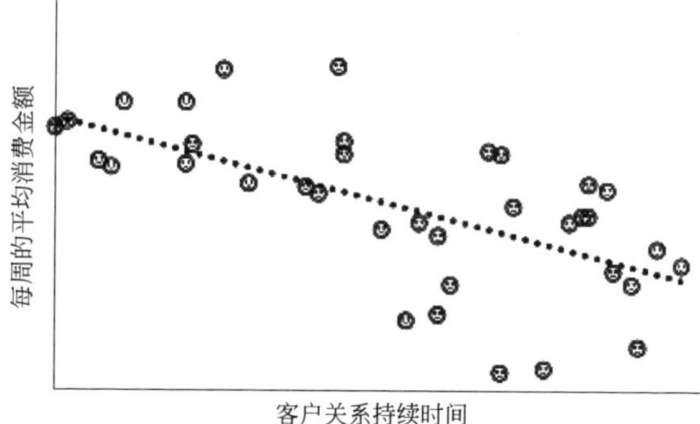

图 3-2　blob 对象每周的平均消费金额与客户关系持续时间（二）

题外话之一：最佳拟合线与机器学习曲线

在此，我们值得多花一点时间，对最佳拟合线展开一些讨论。你或许会好奇：最佳拟合线是怎么画出来的？当然，你或许对此并不感兴趣，但我还是想对此稍做解释，因为这对于后面的讨论至关重要。

以如图 3-2 所示的二维图为例，我们可以通过一个公式，计算出最佳拟合线。不过，在更加复杂、数据更多的案例中，这种运算量可能会大得离谱。

最佳拟合线的算法（分步过程）可以分解成下列步骤：

① 在图中随机画出一条直线；

② 测量图中所有数据点到该直线的距离之和（以此来

衡量你的误判程度);

③ 对直线稍作平移，再次测量数据点到直线的距离之和，看看这次的结果是否比第一次的“误判程度更轻”;

④ 重复直线的平移操作，直到无法进一步减小误判程度为止。

此时，你得到的就是最佳拟合线。

有趣的是，假如我们安排一台计算机来运行上述运算，从第一条随机直线开始，不断完善，直至得到最佳答案，这一过程实际上就是机器学习。机器学习的意义通常在于，建立一个数据分析模型，再对模型参数进行反复调整，从而使该模型与你的数据达到最佳拟合。提供的数据越多，机器从数据中学习的机会就越多，模型也就越贴合实际。在上述例子中，我们的模型是一条直线。也就是说，我们假设所测算的两个变量之间存在着某种线性关系，机器学习的过程，就是通过不断改变参数，使直线无限接近我们所拥有的实际数据的过程。

也许你以前就思考过机器学习对企业究竟意味着什么，而实际情况是，当你每次查看最佳拟合线时，就已经用到机器学习了。下次，当你读到关于某家企业正在“通过机器学习优化预测模型”的新闻时，不妨问问自己，他们是否也和你一样，只是在寻找最佳拟合线而已。在下文中，我们还将对机器学习的过程进行详细介绍。

我们掉进了怎样的陷阱?

截至目前，我们的讨论一切顺利。不过，分析上文分布图的方法并不局限于一种。而我们刚刚运用的分析方法，其实也隐藏着一个危险的陷阱。这个陷阱来自我们的“假设”。在分析数据时，我们需要搞清楚，自己和他人分析数据的假设是什么。当我们按照刚才的方式，为数据寻找最佳拟合线时，我们实际上认为，横轴上的变量（客户关系持续时间）在某种程度上影响了纵轴上的变量（每周的平均消费金额）。这条线反映的是一种关系，我们很容易认为这种关系属于一种因果关系，也就是说，一个变量直接影响了另一个变量。

而因果假设产生的实际影响是，我们会认为，假如有新的数据产生，那么其坐标也应该与同一条拟合线相符；假如我们获得了新的客户消费记录，那么两个变量之间的关系也应该遵循相同的因果规律。同时，我们还会认为，一旦横轴的变量发生了变化（在上述例子中，即为客户关系持续时间的增加），那么其从属变量也会发生相应的改变。这相当于我们认为，客户关系持续时间越长，客户的消费金额也就越低。

事实有可能的确如此。我们在图中看到的客户消费数据分布，可能就是因为客户们对我们的服务日渐厌倦，或者单纯是他们觉得自己在我们的店里已经买够了。因此，我们判断客户关系持续时间越长消费金额就越少，也是有一定道理的。

一旦注意到了这种现象（老客户的消费金额比新客户的少），并确认两者之间为因果关系（即客户关系持续时间越长，消费金额越少），你可能会召开一个策略研讨会，制定一套营销对策。例如：

将开发新客户作为首要工作，保持客户的平均消费金额维持在较高水平；

召开产品创新会议，争取让老客户回心转意；

调整与客户的沟通方式，在客户刚刚开始减少消费的时候，尽力挽留他们。

直线之外的另一种选择：数据集

不过，在开会之前，不妨先考虑一下：最佳拟合线到底是不是最佳选择？由于上述分析是以假设为前提的，因此这条线有可能并不成立。根据我们所看到的数据形态，或许还有其他解释，能推导出完全不同的结论。试想一下：如果我们用如图 3-3 所示的方式去分析数据，结果又会如何？

一旦我们用椭圆形的数据集代替趋势线，再对数据进行分析，其形态就与之前所观察到的完全不一样了。也许，这两个变量之间并不存在线性关系，图中只不过单纯地展示了两种类型的客户群而已。一组（或一个数据集）是客户关系持续时间不长，但消费水平较高的新客户；另一组则是客户关系持续时间较长，但消费水平较低的老客户。

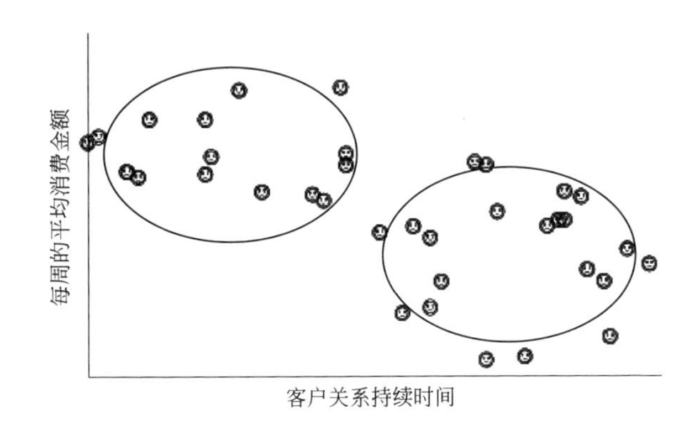

图 3-3　blob 对象每周的平均消费金额与客户关系持续时间（三）

为什么我们有可能拥有两种截然不同的客户群呢？或许是由于社会变迁或时代更迭，客户对产品和服务的使用方式发生了变化。如果我们用一家移动运营商的人均信息消费数据作图，就很可能看到与图 3-3 相似的数据分布，因为年轻人更喜欢用信息聊天。

又或者，企业发生了别的变化，两个变量之间不仅不存在线性关系，还同时受到了其他变量的影响？假设在过去的某个时间点，企业改变了销售渠道或宣传策略，那么，新引入的消费水平较高的新客户，很可能来自与老客户截然不同的群体。

我们以两个数据集取代了直线所代表的线性关系，以全新的方式查看数据分布，进而分析结果，由此对企业制定下一步实际营销策略所产生的影响是显而易见的。假设这两组客户群是彼此不同的，那么我们可以从中推断出，随着客户关系持续时间的增加，新客户并不会降低其消费水平，而是会持续保持较高的消费水平。

不过，关于客户群的假设也带来了一些新问题，比如：客户群为何会彼此不同？于是我们需要思考的是，是否能够从企业战略等其他角度对此进行解释。如果接受了这个新假设，那么，我们在策略研讨会上需要关注的，可能将是完全不同的问题；而讨论得出的措施结论，也一定与基于最佳拟合线的数据分析结果截然不同。

例如，我们可能会采取以下行动：

从更多角度进行分析，例如分析客户引入方式随着时间推移的变化情况，从而理解客户群之间形成差异的原因；

尝试其他营销策略（例如，以刺激消费为目的的营销策略），并对两组客户群的消费结果分开进行分析，从而意识到企业应该为每组客户群制定不同的营销策略；

根据我们对不同客户群的了解，调整企业在吸引和维持客户方面的投入。

在分析 blob 对象的消费数据时，由于我们用椭圆数据集代替了最佳拟合线，企业的营销策略、定价策略、产品开发和忠诚度计划都得以朝着全新的方向发展。

那么，我们该如何确定，在两种数据分析方式中，究竟哪一种才是正确的呢？在后面的章节中，我们会对这个问题的完整答案展开讨论。

题外话之二：关于维度

既然我们已经花了一些时间来观察二维图中的blob数据分布，那么，不妨再花一些时间，思考一下维度问题。在上述的数据分析中，我们考虑了每个blob对象的两种信息：一是客户关系持续时间，二是消费水平。要想了解客户群的基础“形态”，我们就需要将这两种信息放在同一张坐标图中，作为问题的两个维度同时予以考虑。在这个例子中，坐标横轴代表的是客户关系持续时间，纵轴代表的是客户每周的平均消费金额。

将每个客户的两个数据点作为独立维度来考虑，对于我们观察客户群的特征，不仅仅只是有用而已。在后期分析数据时，我们还将用到许多数学方法，这些方法本质上都与图形有关，或者用数学家的话来说，都与几何有关。前文提到的最佳拟合线，就是一个很好的例证。所以，如本章中的各图所示，将不同blob对象的两种数据，作为坐标系中相互垂直的两个维度，是十分正确的。

不过，假如我们还拥有 blob 对象的第三种信息，又该如何是好呢？如果除了客户关系持续时间和客户在实体店铺的消费水平之外，我们还知道客户的线上消费情况呢？

我们可以设置 0 ～ 100% 的占比作为标尺，来衡量客户的线上消费水平。如果要在图中添加第三种维度，我们仍旧（勉强）可以像之前那样，直观地看到客户数据的分布，如图 3-4 所示。在这张简单的平面图中，希望你也能发挥想象力，在三维空间中让这张图动态旋转起来，从不同角度去观察数据分布，找到不同客户群之间的线性关系，正如我们在二维图中做到的那样。

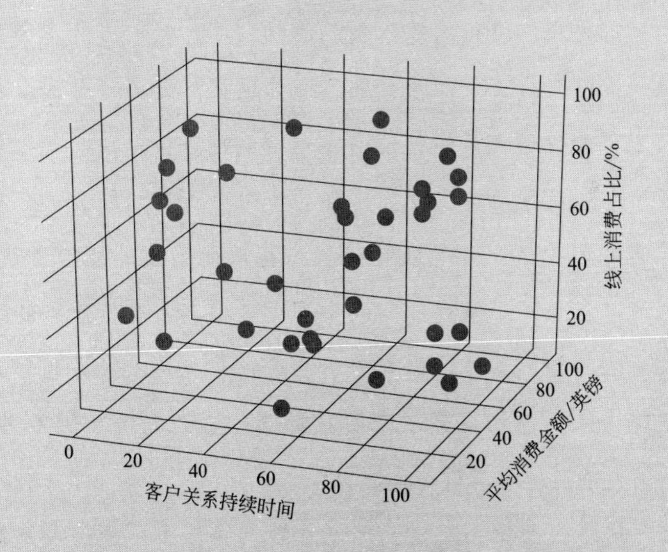

图 3-4　客户关系持续时间、平均消费金额以及线上消费占比情况

如图中所示，将每种数据作为单独维度展示，不仅能产生视觉上的直观效果，在数值计算上也有同样的意义。本书提到了关于数据集的许多分析技巧，如寻找最佳拟合线或用椭圆（或圆圈）画出客户群范围等。从本质上讲，它们都巧妙地运用了数学方法。实际上，我们就是在运用数学方法，在空间中对数据进行布局，并观察其形状和分布形态。

可是，如果我们还有第四种信息（数据）需要同时考虑，又该怎么办呢？或者又增加了第五种，抑或每个客户拥有上百种不同的数据点呢？

需要我们进行思维跨越的时候到了。我们当然不会去做一张包含上百个维度的图，因为这显然是不可行的，我们不可能仅通过目测就能看清这样的图。但是，有趣之处在于，从数学角度出发，这样的多维分析与二维数据分析其实并无二致。计算机可以轻而易举地画出最佳拟合线，也可以在上百个维度的空间中圈出数据集。虽然最终的结果无法打印成图片，但其分析结果完全能够以报告的形式呈现出来，包括得到了哪些数据集，它们之间有何不同，如何最准确地对其进行描述等。

这不过是举一反三。因为在现实世界中，这恰恰是我们需要做的事情。只通过两种数据作图，就能很好地概括客户群，这样的概率是很小的。事实上，你当然希望尽可能多地了解客户信息，包括他们是何时成为你的客户的，他们从你店里购买了哪些产品，他们用的是什么支付方式，住在哪里，通过什么渠道了解到你的店铺，如何成为你的客户等。数据科学就是利用成百上千种不同维度的数据集，来分析你的客户、你的店铺，以及你希望了解的任何情况。

不过不必担心，为了简单起见，本书只会借助二维图，来探索不同的数据分析方式，研究 blob 对象的数据集。在每一个案例中，我们所探讨的二维数据分析技巧都和多维数据的分析技巧一样。我们的目的不是要成为数学家，数据分析不会专业得让普通管理者看不懂，因此，这一点无须多虑。我只是希望，在开启我们的数据分析之旅时，你能够明白，当我们利用这些分析技巧去分析自己企业的数据时，我们会用到更多维度的数据，但基本分析方法依然是相同的。

言归正传

不论我们拥有多少关于 blob 对象的数据，作为企业的领导者，我们分析数据的实际目的都是通过分析数据图表，来实现我们的目标。

在接下来的两章中，我们将探讨业务数据的两种基本分析方法，每种方法都能为我们带来巨大的现实价值。在第五章中，我们将了解如何通过建立模型进行科学预测。例如，在我们的客户中，哪些客户会在我们推出新产品之前参与预售，又有哪些客户最有可能会选择我们的竞争对手而离开我们。

不过，我们首先将在第四章中讨论一种相对简单的数据分析方法。有时候，我们只想预测一个问题，建立模型有些小题大做。有时候，我们只是希望简单了解一下，我们的客户是属于相同类型还是不同类型，是否具有不同的行为方式。那么这时，我们又该怎么做呢？

在本章开头，当我们尝试在图上对 blob 对象进行画圈分类时，就是为了解决上述问题。现在，让我们正式进入“数据分割”（data segmentation）的世界。

✦ *chapter 4* ✦

第四章

因人而异

本章我们将探讨一种最古老也最常用的客户信息分析技巧，看看它究竟何时对企业有价值以及为什么有价值；同时，分析这种分析方法在哪些具体情况下会产生反作用，分散我们的注意力，导致浪费时间和金钱。

在上一章，我们通过画椭圆形，成功地将图中的 blob 对象分成了两组。在分析企业数据时，这种分组的方法十分常见，也很管用。在实际操作中，假如我们确实能够将客户群划分成为数不多的彼此不同的几个组，每一组客户都具备相近的特征，那么，这可能是分析了解企业经营情况的一个好办法。

这种对客户群进行分组的做法被称为细分（segmentation）。这种方法很有效，因为通过考察客户的购买行为，我们就能对客户进行细分了。

在卖笔记本电脑的商店中，你将会看到下列几类截然不同的客户：

（1）精通电脑技术的年轻游戏玩家，希望配备最新型号的显卡以及最高配置，随时准备“应战”。

（2）老年上网群体，希望用笔记本电脑给朋友发送邮件，访问社交媒体，但对电脑、电脑病毒和相关网络骗局心有余悸。

（3）给孩子购买笔记本电脑的家长，以完成学校布置的家庭作业为最终诉求。

细分类型的特征

上述3类客户分别代表某一个细分类别，这些假设看起来非常合理。让我们来仔细考虑一下，这究竟意味着什么。假如他们每人都代表一类细分客户的话，那我们还需要搞清楚下列情况：

（1）他们代表着一类具有相似需求和关注点的客户群，也就是说，这群客户的特征是一致的，并不是随机的一群人。

（2）该客户群的数量足够大，占有重要的市场份额，是值得公司考虑的目标营销客户。

（3）该客户群容易识别，通过观察购买行为或分析客户数据，能够将某位客户准确地归类至该类细分类别。

（4）该客户群特征明显，换句话说，其购买需求（该客户群需要的产品信息、他们接受的营销话术以及他们想买的产品）是与众不同的，值得公司针对该群体单独制定专门的营销策略。

（5）该客户群是具备联系地址的，公司可以向他们且仅向他们发送专属营销信息，具备制订专属营销方案的可能性。

（6）针对该客户群，公司所采取的任何营销措施都是可量化的。

所以，当我们确信老年上网人群这个群体满足上述所有特征时，就可以认为，公司可以将老年上网人群作为一类细分客户，为他们制订专属营销方案。如果我们能够将购买笔记本电脑的客户分成为数不多的几类（比如包含前文提到的3类客户在内，总共5～6类），而这几类细分客户也同时满足上述条件的话，公司就可以开始去比较和分析每类细分客户的销售情况、市场份额、回报率及其他关键绩效指标了。公司可以为每类细分客户制订不同的营销方案，比如为各类细分客户提供不同的产品及推荐信息，对公司销售人员进行培训并制定激励政策，培养销售人员识别细分客户的意识，根据每类细分客户的特点，有的放矢地进行营销等。

如果我们只凭直觉判断，会认为上述所有做法都是正确的，而许多公司也本能地认为：他们的客户群也是由这样几类细分客户构成的，尽管他们并没有对细分的结果进行过具体的考察。

细分未必总能解决问题

可是，对客户进行细分这一问题并不简单。在你要求数据团队或外部顾问对公司客户进行细分之前，一定要三思而后行。在多重因素的影响下，对客户进行细分有可能会分散公司的精力，甚至浪费公司的时间和资源，使销售业绩和营销效果不仅没有加分，反而出现减分。为什么这样讲呢？

谈到建立细分模型的陷阱，就必须提到在定义有价值的数据细分时，我们所设置的前提条件。我们可以列出全部的条件清单，并毫不费力地浏览一遍，然后点点头，立刻执行，建立起我们的客户细分模型，使客户情况一目了然。要想实现对客户的有效细分，上述每一个条件都至关重要。但是在实践中，细分客户完全满足上述条件的概率并不高。下面，不妨来看看以下关于细分客户出错的案例（完全真实）。

案例分析

我曾与一家电影院合作，该影院聘请了一位外部顾问，负责对其观影客户进行细分。外聘顾问配合影院方利用所掌握的客户信息和观影情况，制订了一个客户细分计划。下面让我们一起来看看。

通过前一小节的铺垫，我们相信（凭直觉），影院方得到的关于各类细分客户的具体描述是有道理的。影院方按年龄对客户进行了细分：年轻的客户可能会在约会或单位组织活动时看电影；年长的客户则会带着孩子，选择在不同时间段，出于不同原因去看电影。影院方还按电影题材对客户进行了细分（由于案例中的主角是一家影院，电影题材显然是一个区分标准；对于连锁餐厅或其他零售商而言，也能够找到同样适用的相应标准）。

截至目前，并没有什么问题，但这个细分操作（以及许多类似操作）并不能通过“该怎么办”的考验。现在，假设我们已经根据所有消费行为（及客户情况）分成了 7 个细分类别，接下来我们该怎么办呢？我们可以根据客户的细分类别，对现有营销渠道中的部分方式（主要是电子邮件）进行调整，而其他营销方式则很难进行定制，比如社交媒体、新闻及各类线上营销等。从这个意义上讲，如果你都无法通过简便的方式，将不同信息传达给每一类细分客户，那么细分又有什么意义呢？

换一个角度看，问题甚至会更加明显。假如在向客户营销时，我们所使用的销售方式已经能够根据客户的个性化差异，为其量身定制营销服务，那我们又何苦将自己局限于区区 7 个细分客户类别呢？

或许根据人口特征信息和观影习惯，你被贴上了某种细分标签，被归类为“对恐怖片和惊悚片感兴趣的年轻人”。但是，现代分析手段已经允许我们根据客户曾经观看的电影，向他们发送个性化推送邮件了，所以，又何必去给客户设定这样的刻板人设呢？

你或许看过不少恐怖片，却仍对音乐剧很感兴趣。所以，在以平均化为标准对客户进行细分的过程中，任何对客户以往观影经历的具体观察，都有可能被遗漏掉。

进退两难

上述案例表明，对客户进行细分的做法存在一个通病。有效的客户区分标准和实际的营销效果之间，总是存在着矛盾。你对客户类型分得越细，就越容易陷入细枝末节，比如上文提到的那种既爱看恐怖片又对音乐剧感兴趣的客户。而如果你没有考虑过这样的极端情况，只是建立了数量有限的细分种类，那么，这样的细分又可能会过于粗线条，对细节的考虑可能会不够周全。

在考虑应该如何进行客户细分时，这种纠结体现得尤为明显。通过了解客户数据所获得的许多好处，全都来自你与客户群体的沟通方式。显然，我们都倾向于对与自己有关的信息做出正面回应。而绝大多数的沟通方式，都可以划分为以下两类：

第一类是具有高度个性化的直接沟通方式，例如电子邮件、电话推销、小程序通知等，营销信息可以根据客户的个人情况灵活调整。

第二类是范围更广泛的营销方式，例如各类广告、社交媒体平台推送、店面和营销点设计等，可以让更多不同客户接触到营销信息。

所以，随着技术的发展，在这两类不同的营销方式（或与客户的沟通方式）之间，客户细分恐怕会陷入进退两难的处境。平均化的标准无法实现有效细分，而个体化、个性化的细分虽然能够通过电子邮件等方式带来最佳的营销效果，但也产生了过于细化的营销信息，导致如果采取传播渠道更广的营销方式，则无法精准地推送给正确的受众。

事实上，正如下一章要讨论的，近几十年来，数据科学家在理解客户数据的能力方面最大的进步之一，就是能够借助大型计算机和更复杂的模型，为单独的客户群体（细分客户）量身定制营销信息。从这个意义上来说，将客户细分为 5 ～ 6 类的经典做法可以说已经过时了，如果今天还照搬这一套，等于是历史倒退，回到了原来那个无法实现高级别细分的时代。

细分是如何奏效的?

细分是一种非监督数据分析手段，它不制订任何输出目标，只单纯追求客户类型。可这又怎么可能做到呢？所有的数据分析工作，不都为了解决具体问题吗？

事实证明，区分数据类型、对数据分门别类的工作，必定会涉及数据科学家们最钟爱的一种分析工具，那就是——算法。算法就是一串指令，计算机会执行该指令，直到计算出最终结果。对数据进行分类和分组，正是算法最擅长的那种费时费力的任务。

让我们回顾一下上一章中的 blob 数据：它展示了每个 blob 对象平均每周消费金额和客户关系持续时间之间的关系。我们利用椭圆形将数据划分为两组，形成两个数据集。坦白讲，我其实是自己用手画出了这两个椭圆，并没有经过很严格的分析和计算。但是，有一种著名的数据分析算法，刚好能够帮我们完成这项工作，它就是赫赫有名的 k-means 聚类算法。图 4-1 ～图 4-3 展示了聚类算法的计算过程。

第一步：随机挑选出两个“数据集中心点”，如图 4-1 所示。

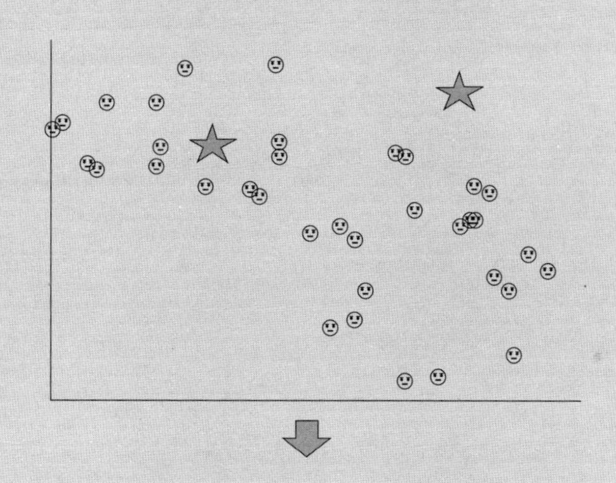

图 4-1　聚类算法的第一步

第二步：按照就近原则，将 blob 数据划分到距离中心点更近的数据集中，如图 4-2 所示。

第三步：在刚刚形成的两个数据集的中心位置，重置新的数据集中心点，如图 4-3 所示。

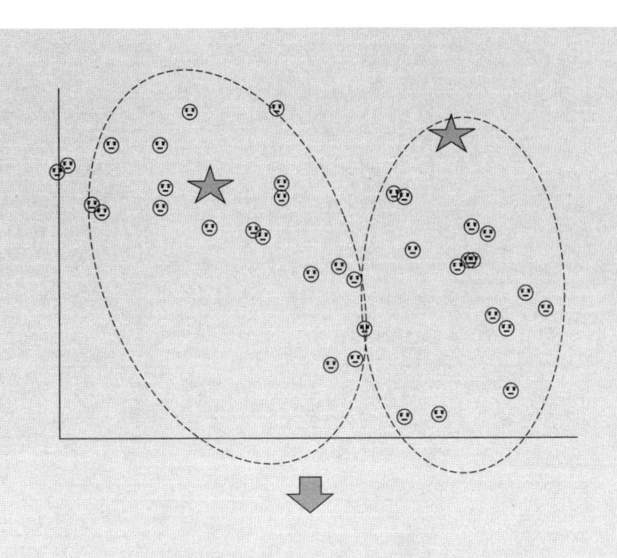

图 4-2　聚类算法的第二步

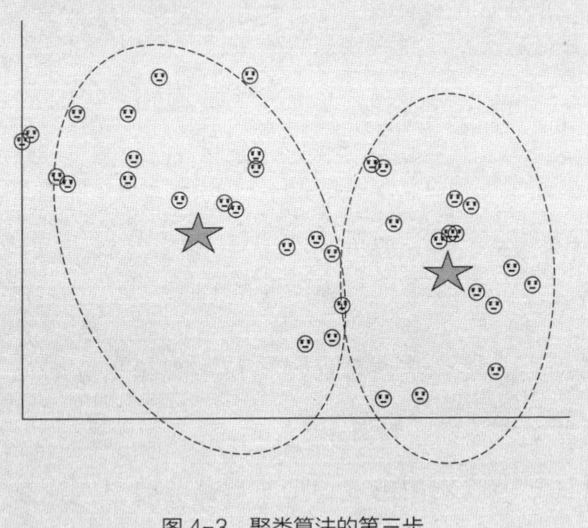

图 4-3　聚类算法的第三步

第四步：重复第二步和第三步，先对blob数据进行划分，然后重置数据集中心点，直到数据集不再发生变化。至此，我们得到了两个输出数据集！

从本质上讲，为了得到两个数据集（椭圆），我们根据算法，首先随机挑选了两个数据集中心点作为起点，再按照就近原则，将blob数据依次划分到距离中心点最近的数据集中，然后，我们对所得到的两个数据集的中心点进行重置。接着再重复之前的操作，将blob数据重新聚类到距离新的中心点更近的数据集中，如此循环往复。

在观察每一轮的数据变化时，你会发现，聚类过程类似于引力的效果。最终，随着数据不断聚类，中心点会慢慢移至两个不同数据集的最佳中心位置。至此，我们便得到了理想的数据分割。

和最佳拟合线的案例一样，计算机并不在乎需要处理的数据点多达数百万个，其运算能力远远超出了我们在本书中列举的二维数据。因此，当客户人数众多，且每个客户都拥有大量信息点时，计算机依然能够将这些数据直接聚类至两个最佳数据集当中。通过观察每个数据集的位置，我们可以回过头来，对其进行具体描述。在本案例中，一组数据集的客户关系持续时间较长，但消费水平较低；而另一组的客户关系持续时间较短，但消费水平较高。如果我们额外提供了关于 blob 对象的人口统计学数据或他们的年龄信息，那么，这些特征也可能会出现在对数据集的描述当中。

现在，我们已经通过以上数据聚类算法，对细分的过程有了大致的了解。在实际工作中，我们还需要对以下几点多加注意。

（1）聚类算法并非 100% 有效（随机挑选的两个起点可能并不合适），所以经常需要反复运行多次。

（2）聚类过程只能提供你要求的细分类别（本案例中为两类）。如果需要更多细分类别，你可能需要多次运行该算法，以观察哪一种细分效果最佳。

（3）“效果最佳”是一种主观看法。细分类别之间的区别可以用数学语言加以描述，但在现实中，细分类别数量的正确与否，也影响着有关细分客户的描述对于你的团队而言是否真的具备实际意义。细分过程既是艺术，也是科学。

（4）最后，对于你而言，聚类过程产生的细分结果可能有意义，也可能没意义。所以，请务必确保输出结果是可操作的，同时也是有意义的。

除此之外，市面上还有许多其他类似算法，也可以用于此类非监督数据分类和归类任务。不过，在此类算法中，k-means 聚类算法的效果是最好的，可以说它是对普通方法的精练总结。

你对客户了解多少?

其实，数据细分还存在另一个陷阱。如果你准备将客户细分为不同类型，那么，你手头掌握的那些客户数据就变得极为重要了。消费型企业一般会掌握客户的下列信息。

（1）每个客户的购买历史，例如他们买过什么、在哪里买的以及什么时候买的。

（2）关于客户的描述性信息，例如他们住在哪里、使用过什么付款方式等。

企业还可能掌握客户的一些人口统计学信息，这种叫法略显学术了，其实就是客户的富裕程度、出国旅行的频率、拥有房产及出租情况等。如今，很少有企业可以直接了解到客户的这些实际情况，但是在许多国家中，有不少数据提供商能够根据你所掌握的客户信息，推算出上述人口统计学变量。

例如，在英国，有些商务服务企业可以根据客户的邮政编码，推算出他们的人口统计学数据。客户的住址可以说明很多个人情况。因此，有了完整的邮政编码，就可以将客户的住址范围缩小到几栋房子，我们就可以对一个客户的很多事情，做出一个有用但未必 100% 准确的判断。其判断内容越宏观，其准确性就可能越高，例如，客户的收入水平等。

但是，就算我们假设所有买到的信息都是完全准确的，也很难勾勒出一个客户的完整形象。假如两个人住对门儿，由于他们的房产价值相近，他们很可能拥有相似的财富和其他财务特征。但如果其中一个人喜欢看终极格斗竞赛，而另一个人常常去看芭蕾舞演出，他们在许多事情上的看法很有可能大相径庭。如果仅凭他们的住址，就将他们划分为同一类细分客户，这种做法未免过于草率。

案例分析

我曾经与一家订阅企业合作。对于如何克服这种粗线条人口统计学分析所带来的弊端，他们有着自己非常独到的见解。他们认为，假如我们开展大量客户调查，了解他们对一些事情的态度和购物兴趣等种种细节信息，就可以实现更加完备的客户细分。这种做法在过去也的确有过成功案例。

事实证明，在对客户进行细分时，了解他们对一系列经济、政治热点事件的观点和意见，了解他们对存钱好还是消费好的看法，了解他们对尖端技术和其他许多事情的态度，对于成功分类是很有帮助的。把以上所有信息输入到细分机器中，客观地完成分类，就能得到更有用的细分类型。

而接下来的问题就是，下一步该怎么做。我们得到的客户细分类型是很有用的，但是，如果不了解每一位客户的详细信息，你又该如何对这些客户进行识别，将他们正确归类到相应的细分类型之中呢？我们通过对一部分客户开展调查，才得到了客户的细分类型。然而，如果对数据库中剩下的数百万客户逐一进行调查，将是一个巨大的工程。回头再来看我们原来的细分标准，就不难发现，该做法存在一个识别困难的问题。就算细分类型做得再好，无法对每位客户正确归类，或者说实现归类的成本极高，那也是白搭。

细分的当前价值

目前，我们得出的结论是，从直觉上看，我们觉得按照客户的共同特征对其进行细分是有道理的，而且出于本能，我们确实也都会去做。然而，在实践中，这种做法可能很难为公司带来有意义的结果，也带不来利润。

那么，对客户进行细分的做法是属于浪费时间吗？对客户进行细分，是不是意味着，我们倒退回无法向客户发送专属营销邮件的时代？从某种程度上讲，事实的确如此。不过，实际情况还是存在一些合理的原因，支持你对客户数据进行细分的。

具体而言：

（1）从制定战略的层面看，对购买过公司产品的客户进行分类是很有用的，当各个细分类型能够被量化，并能产生一定规模意义时尤其如此。当你了解到老年上网群体的人数日益增多，但该群体的消费金额仅占公司收入的 15% 时，你就可以在制定公司战略时，不被人们在店里碰到或看到的一些客户传闻所左右。

（2）从公司操作的层面看，客户细分过程也很有用。当然，你的一线营销同事已经对客户有了一定的了解。但是，通过探讨客户的细分需求和愿望，可以引发更有意义的新讨论，找到与和客户沟通交流的最佳方式，反过来促进员工培训水平的提高。

（3）同样，了解关键细分客户还有助于推动产品研发和服务创新。

（4）最后，如果操作得当，对客户进行细分的成本其实并不高，也不需要投入太多时间和精力。

尽管从纯粹营销传播的角度来看，对客户进行细分的做法不再有用，但是，在公司的战略规划和业务发展等其他方面，它依然大有助益。在有些情况下，将细分客户类型嵌入到营销报告中，是产生作用的关键。这样一来，你不仅可以提前了解到客户之间的差异，还可以跟踪不同的细分类型，针对不同市场的走向，调整相应的战略措施。

我们刚刚描述了对客户细分的具体做法。这是一种非监督数据分析手段，也就是说，我们在开始这项工作时，并没有设立具体的分析目标。我们并没有试图去预测些什么，比如哪些客户会购买某款特定产品，或哪些客户最有可能完全放弃我们的公司；我们只是想知道，在我们所掌握的数据中，是否存在任何有意义的客户分布模式。

除了上述以客户为中心的案例之外，其实在其他领域，这种非监督数据分析手段也有用武之地。一个零售商会对客户的购物筐进行分析，找出经常被同时购买的产品组合。事实上，客户在网络购物时常常看到的“其他推荐商品”，就属于这种情况。网飞公司（Netflix）也采取了同样的做法，即根据用户以往看过的电视节目来进行关联推荐。

这种推荐的产生，源自名为“协同过滤”（collaborative filtering）的另一种非监督数据分析手段。它会对产品的所得评分和客户的购买行为进行多维过滤，将某一客户打出高分的产品推荐给与该客户属于同一类型的其他客户。

针对拥有多家店铺的企业，我们也可以利用此类数据集或数据细分算法，对不同的店铺和卖场进行分类，也就是根据其所销售的商品及各类业绩指标将其细分为不同种类。在本书第二部分，我们将列举此类成功案例，并研究零售商是如何利用数据，判断未来发展趋势，并优化其店铺资产的。

从我们探讨的几乎每一个案例中都不难发现，非监督数据分析手段具备其自身的优势，是划分大数据集和推动重要业务讨论的好方法。

不过，对于一些更具体的问题，非监督数据分析手段并不一定是最有效的方法。如果想知道哪些客户最有可能购买一款新产品，或者哪些会员最有可能在下一年被取消会员资格，仅对客户群进行一般性描述是不够的，我们需要一整套分析方法，有针对性地回答这些具体问题。

这套分析方法就是监督模型（supervised model）。有了监督模型这套方法，我们就能够领略到预测作为一种艺术和一门科学的迷人之处了。

✦ *chapter 5* ✦

第五章

预测的科学

本章我们将从细分等非监督数据分析手段，转向更有指向性和针对性的分析模型，并借助这些模型对未来进行预测。

如果说细分的意义在于对我们的客户群（或分店、产品及企业其他部门等）进行描述，那么按照逻辑，下一步就应该是利用数据对我们的未来进行预测了。因为正是这些预测，可以为我们提高盈利水平及其他关键绩效指标（KPI），指明接下来的工作方向。

哪些类型的事情值得我们预测呢？这一问题的答案不胜枚举，不过一般而言，我们会从下列问题开始。

（1）对于某位特定客户而言，我们的哪些产品最有可能成为他接下来会感兴趣的产品（购买产品的逻辑排序模型）？

（2）哪些客户最有可能离开我们，并转向我们的竞争对手？（假如我们是一家订阅企业，是否应考虑取消这些客户的会员资格？）

（3）与竞争对手相比，我们的哪些店铺或销售网点的业绩高于或低于同业水平？

（4）针对某款特定产品，制定促销价格或一次性调整售价会引发怎样的客户反馈？

（5）某些特定产品以组合形式出售时销量是否更好？如果更好，是否应该对其进行捆绑销售？

（6）如果我们提供信贷服务，哪些客户有可能成为优质还款客户？相比之下，哪些客户的坏账风险会更高？

针对上述每种情况（以及更多其他情况），如果我们能够充分了解企业正在经历些什么，或许就能够对企业将来会发生什么形成预判。哲学家称之为“归纳推理”（inductive reasoning），也就是通过对世界的观察得出相关结论，这些结论很可能会成真，但无法保证一定会成真。

比如，如果我通过观察，发现在试穿了某款鞋子的顾客中，有很高比例的顾客最后都掏钱购买了，那么从数学规律上看，我不能确定下一位试穿该鞋子的顾客是否会购买，但可以确定的是，这双鞋子是一款畅销产品，对许多顾客都具有吸引力。

对数据科学家来说，这是一个相当广泛的领域。对于任何一家愿意向“以数据为中心”转型的企业而言，这也是一个宏大的话题。总体而言，在对未来进行预测时，我们应用的一系列分析技术通常包括以下共同点。

（1）有明确的预测对象，例如，某位客户是否存在产生坏账的风险。

（2）收集曾经有过相关行为的客户的大量历史数据（客户此前是否曾经产生过坏账）及其他相关信息。

（3）在预测对象和其他变量之间做出假设，例如，一个客户产生坏账的可能性是否与其住址、客户存续关系以及支付方式有关。

（4）在收集到可能影响预测结果的所有数据之后，建立最佳拟合模型，将历史数据与历史结果进行匹配，匹配关系越紧密越好。这个匹配过程也就是机器学习的过程。计算机会根据模型，反复调整所有参数，直到历史数据库的预测与历史结果达到最佳匹配为止，正如我们之前讨论的最佳拟合线的案例那样。

于是，我们就得到了预测模型（prediction model）。

这个模型代表着我们可以根据已知的客户数据（或店铺、产品数据等），对未知的未来进行预测。

行为预测——坏账模型

下面，让我们来研究上文中讨论的坏账模型案例，利用真实且一目了然的建模技巧，建立一个树状模型。

首先，我们需要收集 blob 对象的历史样本。在这些样本中，有一部分最后成了坏账客户，而剩下的则成为优质还款客户。一开始，我们假设 blob 对象全部集中在一个房间里，优质客户和坏账客户随机混合在一起。从表面上看，很难将他们区分开来。如果随机挑选一个 blob 对象，你根本不知道他究竟是不是坏账客户。假如在你的样本中，包含 5 名坏账客户和 5 名优质客户，那么最终，你只有 50% 的概率能挑选出正确的坏账客户。（我当然会建议你收集多于 10 人的样本，此处以 10 人为例，只是为了便于理解。）

那我们该怎样做才能提高正确率呢？其实，我们还掌握着关于 blob 对象的其他数据，而这些变量都可以成为有用的线索。找到线索的方法之一，就是根据我们所掌握的其他数据，将 blob 对象分为两类。比如，我们可能知道 blob 对象的年龄，因此可以将他们分为两组，一组年龄在 50 岁以上，另一组年龄在 50 岁以下。我们可以想象，所有年龄在 50 岁以上的 blob 对象都走进一个房间，而年龄在50岁以下的则走进另一个房间。这种想象可以让整个过程变得更加形象。

第一步："优质"和"坏账"blob对象同处于一个房间中，随机混合（图5-1）。

图5-1 两类blob对象随机混合

第二步：根据年龄将blob对象分到两个房间中，让数据看起来更为"有序"（图5-2）。

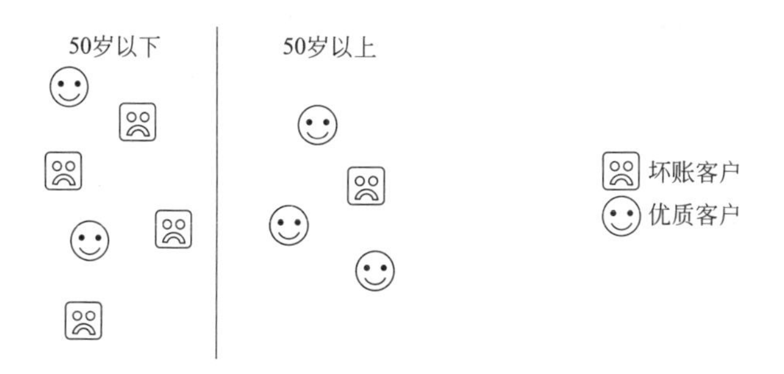

图5-2 两类blob对象分别处于两个房间

第三步：根据新的变量（城市居民还是农村居民），将这两组数据分别划分为新的两组，使优质和坏账数据更为有序（图 5-3）。

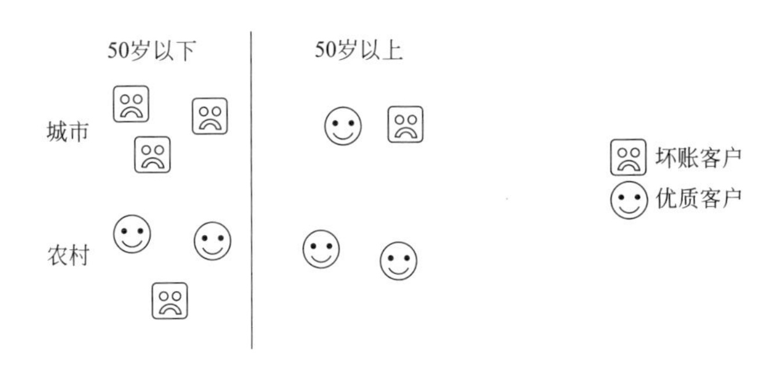

图 5-3　将两类 blob 对象重新划分

现在，当我们随机选择一个 blob 对象时，会发生什么呢？嗯，这取决于我们置身于哪一个房间，以及坏账客户在年龄上的偏离程度。

如图 5-3 所示，大部分坏账客户都来自 50 岁以下的那一组。在 blob 对象中，共有 6 人年纪在 50 岁以下，其中 4 人为坏账客户。所以，当你走进他们的房间并随机挑选一个样本时，你将有 2/3（由 4/6 简化而来）的概率选中坏账客户。这个正确率显然高于之前的 50%。相反，如果你进入 50 岁以上客户的房间，选中坏账客户的概率仅为 1/4，那么我们选中坏账客户的概率也就相应降低了。

通过将 blob 对象分为两组，我们似乎使数据变得更加有序了。

与其说坏账客户和优质客户处于随机混合状态，倒不如说我们根据这一两个变量，几乎将他们区分为坏账客户和优质客户了。用数据科学家的话来说，我们实现了信息增益（information gain），使随机的数据变得更加有序了。

当然，分组的效果也未必都这么好。有可能坏账客户在年龄方面分布相对平均，将 blob 对象分成两组后，并没有改善数据的有序性。事实上，我们在根据不同变量进行分组时，所获得的信息增益也是不尽相同的。而这，恰恰就是我们建立预测模型的线索。

行为的树形算法

树形算法的工作原理是：分析我们所掌握的关于 blob 对象的所有数据，得出如何划分 blob 对象才能实现最大的信息增益，也就是说，看哪种划分方式最可能将所有坏账客户分到一个房间，将所有优质客户分到另一个房间。

在做出上述划分之后，算法会继续考察其他变量，判断是否可以利用其中任一变量，继续对分组进行划分，以得到更完善的结果。最后，经过多轮划分，我们会得到一个倒置树形结果（图 5-4），将数据从最初的随机混合状态，划分为我们能想到的一小块一小块的最佳有序状态。从公司的角度看，这就是一张组织机构图。

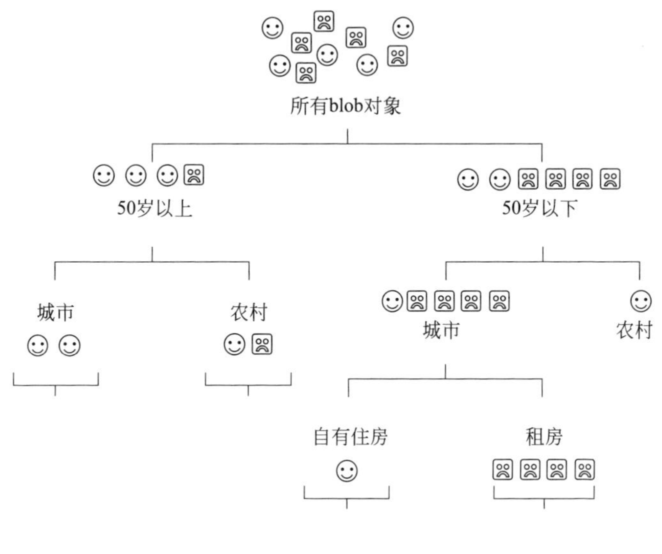

图 5-4　完成后的树形图

在一番认真研究之后，我们得到的最佳坏账客户分组，就位于图 5-4 中树形图的底部。仅通过观察划分条件，我们就能明白，应该如何描述最可能成为坏账客户的分组特征，例如，“年龄在 50 岁以下，没有自有住房的城市居民”。现在，我们得到了一个简洁的描述，我们不光能够想到这些客户的样子，还能想到建立识别这些客户的业务规则。这才是我们在本章中所提到的，广泛建模的应得结果。我们利用手头所掌握的客户数据，去预测我们不知道的事情，并利用历史数据建立了预测模型。

其实，整个建模过程会比上面图中展示的更为复杂。在本章中，我们将继续探讨这些复杂性给企业带来的商业影响。从本质上看，这其实就是一个数据科学家在建立模型时的思维方式。

预测：既是艺术，也是科学

值得注意的是，在整个过程中，判断和试错的频率之高，可能会超出你的想象。为了建立坏账预测模型，我们需要收集客户的历史信息，了解谁曾经（或未曾）出现过还款违约情况。至于我们应该收集多少数据，能够收集到多少相关数据点，则取决于业务的具体情况和判断重要信息的经验。

如何判断，这是一个主观问题。如图 5-4 所示，第一次划分标准是客户年龄。其实，我们不必非按 50 岁来划分不可，40 岁、60 岁或其他年龄也可以作为划分条件，且都会带来不同的结果。我们也不必一律划分为两组，可以将客户划分为三组，如 30 岁以下、30 ～ 50 岁以及 50 岁以上。不同的选择，会影响树形模型的结果质量。因此，只有通过大量尝试不同的划分条件，我们才能得到想要的结果。

数据科学家还面临着另一个挑战。在真实模型中，每个客户的数据变量可能高达数百个，其中，有许多变量是相互关联的。如何梳理这些变量，并将最佳变量组合浓缩至预测模型之中，是一项复杂的技术挑战。

在第三章，我们提到了数据的维度问题，也提到了在现实世界中，分析工作经常会碰到一个数据点存在数百个不同维度的情况。令人欣慰的是，我们得出了结论，认为通过数学方法和计算技术，可以很好地处理多维度数据分析任务。事实上也的确如此。不过，当数据的某些维度彼此紧密相关时，数学和计算机就没有多少用武之地了。在这种情况下，我们所探讨的数据分析手段可能会在输出结果时出现偏差。因此，在许多数据科学项目中，正确理解数据，找出数据之间的内在关联性，并挑选出那些彼此有明显区别的数据，是至关重要的一步。

综上所述，建立一个预测模型，并非如按下按钮那般轻而易举。有优秀、有效的模型，也有不太有效的模型，我们需要通过不断尝试和试错，才能找到匹配划分条件的最佳方案。

模型种类

在本书中，我们不会去学习如何建立复杂的计算机模型。不过，在了解了建立预测模型的一般方法之后，了解一下我们可能建立的模型种类，也是很有帮助的。

建立模型是为了解决公司的问题，而正确的模型，当然也有着不同的“风格”。区分不同类型的模型有一个办法，那就是观察其产生的结果属于哪种类型。

分类模型试图将客户（产品、店铺或其他分析对象）分成不同的类别。我们在本章所列举的坏账案例，就属于此类模型。我们为可能出现还款违约的客户安排了一个房间，为不太可能违约的客户安排了另一个房间，模型的目标是根据我们对客户其他信息的了解，将每个客户归类到两个房间中的一个。正如我们所看到的，我们通过查看违约客户（以及未发生违约的客户）的历史数据，完成了对他们的归类，并在我们所知道的关于这些客户的其他数据中，尝试分析哪些信息与其违约行为有关。

回归模型处理的是概率问题，而不是将客户简单地归类到不同房间。当我们向客户发出某个产品的营销信息时，我们或许会问，该客户对该营销信息做出回应并购买该产品的概率有多大，是0～100%中的百分之几。在这种情况下，我们也需要建立一个基于历史数据的模型，只不过我们期待的输出结果是一个百分比，而不是某个房间中的某一类客户。

我们刚刚探讨过的树形模型，其作用是通过不断输入能够解释结果的单一变量，对数据反复进行分割，循环往复，越分越细。我们在前文中已经看到，其结果以树的形式呈现。但是，我们也可以换另一种视角，将其视作对数据图上的数据进行一系列垂直和水平的分割。方法一（图 5-5）通过两轮数据分割阐释了这一点，其中第一轮的分割条件是信用评分，第二轮的分割条件是客户关系持续时间。

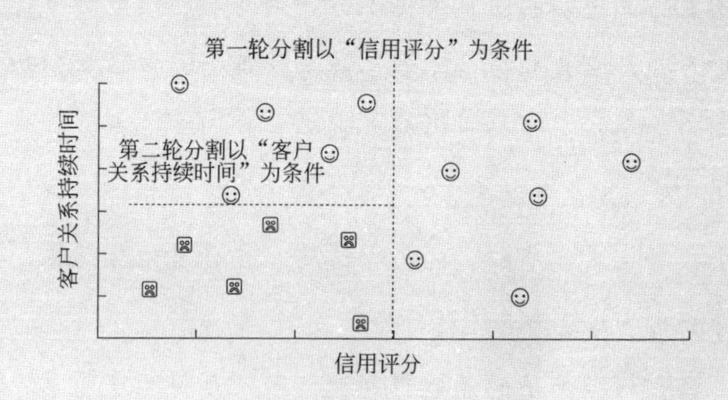

图 5-5　方法一：“树形”分割

我们还可以建立参数学习模型。这种模型的目的与树型模形相同，但是在数学的表达上会更加精确，不再是简单地根据单一变量对数据进行分割，而是在不同的数据点之间，画出方格状的边界（就像我们之前画的椭圆），实现对数据更精确、更有效的分割。具体案例既包括我们此前看到的简单线性回归（方法二，如图 5-6 所示），也包括更复杂的回归，它能够使不同区域数据之间的边界更加精确（方法三，如图 5-7 所示）。

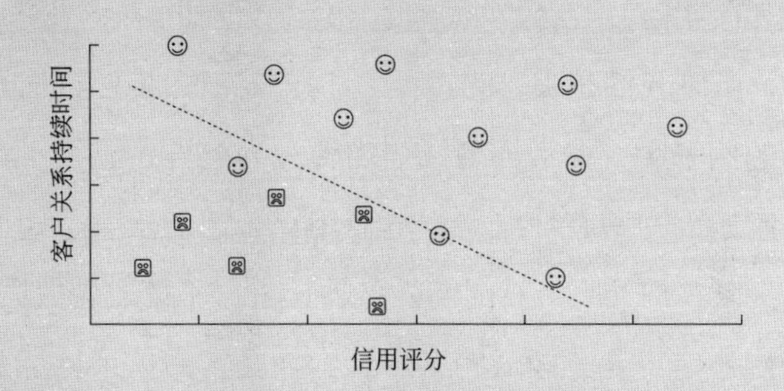

图 5-6　方法二：简单线性回归

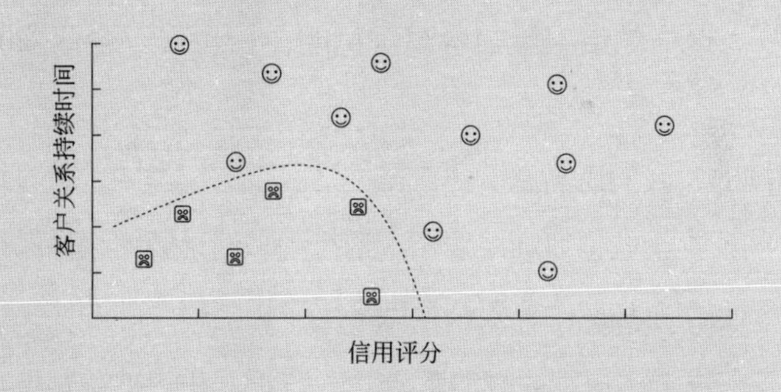

图 5-7　方法三：复杂回归

选择模型：准确性 vs. 清晰性

哪种模型才是适合你的正确模型呢？显然，这取决于你试图解决什么样的企业问题，也可能取决于其他具体情况。有时候，一种模型得出的结果可能在数学准确度上更高，但却很难对业务人员解释明白，所以我们在表述的过程中，应有意识地注意此类情况。在上面的例子中，树形模型以信用评分为条件，进行了第一轮数据分割，因为所有坏账客户的信用评分都低于某个阈值。然后，它又以客户关系持续时间为条件，进行了第二轮数据分割，因为即使是信用评分较低的客户，假如其客户关系持续时间较长，也是会及时还款的。因此，该模型的实际输出结果是，“坏账客户是那些信用评分低于 x 分且建立客户关系时间低于 y 月的客户”。这样的结果就很容易解释明白，也便于企业采取应对措施。

但同时，我们还需意识到，在更为复杂的模型中，就算给出了清晰的结论，企业也很难采取相应的行动，而是要继续借助模型来判断。例如在方法三中，复杂模型产生了更为复杂的曲线，得出了“坏账客户位于不规则曲线的下方”的结论，在这种情况下，企业做出的关于新客户的每一个决定，都需要通过模型计算得出，来了解新客户在曲线上的具体位置。

不管怎么样，确定建立哪一种模型，都是数据团队的分内之事。但是，只有当更多的管理团队都清楚自己的问题所在，也明白应该根据数据分析的结果采取哪些行动，数据分析的结果才能更好地发挥作用。

确定建立哪种模型

显然，无论要求数据团队建立什么类型的模型，我们都需要提前布局，考虑一些关键步骤，从全局出发统筹进行考虑。创建预测模型不只是数据分析团队的专利，它不是纯粹的学术行为，而是需要其他业务团队参与配合的任务。

所以，须与企业的领导决策团队（包括分析专家）进行讨论，一起研究究竟预测哪些内容才是对企业有用的。在讨论这个问题的同时，还应该考虑企业想要获得成功，必须完成哪些关键任务。我们还应思考，一个给力的数据分析模型会在哪些方面提供具体的帮助。

（1）在定制和定位营销活动方面，预测模型的作用不言而喻。

（2）那么对于买方呢？企业通过数据分析产生的结论对于买方而言，又有何帮助？

（3）能否提高对销售人员和商店其他人员的招聘和培训工

作水平？

（4）店铺的运营管理能力和库存水平能否实现优化？

（5）如何通过更好地预测未来的销售情况，改善线上销售业务？

（6）物流环节的操作能否更加顺畅？

（7）如果能够预测客户何时会拨打客服中心电话，能否更加合理地配置资源？

在我们研究能够改变经营规则的数据分析案例时，这种全面梳理企业业务所有关键操作流程的做法，是一种非常好的途径。

本书在后面的第三部分中，还将探讨一个真实存在的风险点。数据分析项目是一种将营销邮件寄给正确客户的绝佳方法，但却有可能在营销沟通环节上出问题。而下面这个案例会让我们发现这种创建电子邮件筒仓系统的做法，有时会让我们在企业其他部门获得巨大回报。

案例分析

英国线上生鲜杂货零售商奥卡多（Ocado）超市是本案例分析的主角。奥卡多的前身是一家技术公司，而非传统零售商。在业务经营的许多环节中，奥卡多都用到了我们本章讨论的复杂预测模型。其联络中心就是一个很好的例证。通过建立模型，该超市将收到的客户邮件进行分类，对需要立刻回复的紧急邮件和可以等待的邮件进行区别处理，从而提高了服务水平。超市通过投资客户呼叫中心，实现了最佳回报。

在这个案例中，有两点值得我们深思。首先，奥卡多将以数据为中心的业务原则应用于营销优化之外的业务。这一策略向我们展现了在公司的任何部门中，只要巧妙利用数据分析，都可以带来有益回报。其次，奥卡多并没有用超级计算机完全取代人工客服，而是让计算机完成机器擅长的工作（比如对海量数据进行分拣和归类），同时让客服人员来完成人工更擅长的工作（比如理解客户的心情并为其提供服务）。

我希望读者在本章结束时能了解到，其实分类的整个操作过程十分简单。首先，数据团队收集一些历史邮件，其中有些邮件的内容比较紧急，有些则不然。其次，数据团队利用与邮件相关的其他信息，例如发件人信息、到店购买时间，以及最重要的邮件措辞等，建立了一个模型，尽可能地将这些历史邮件进行分类。在完成建模之后，数据团队将得到的模型应用于处理收到的新邮件，为企业带来了收益。这种操作也是你的企业能做到的事情，不是吗？

需要重点关注的问题

在你准备与管理团队讨论的重要问题中，如果包括打算让数据分析团队建立哪些模型，那么后续的问题将是：等模型建立之后，你接下来打算做什么。

同样，我们将在后文第三部分中对此展开充分讨论。不过，当我们考虑可以建立哪些种类的数据分析模型时，也应该知道需要对哪些问题格外小心。你的数据分析专家可能会发现其中一些问题，并加以解决，但如果你打算在企业内部运用预测模型，最好也要对这些模型带来的陷阱有所防备。以下列举了其中 4 个有关陷阱的警示，第五个由于其特殊性，我们将在下一章单独予以说明。

1. 过去未必能够预测未来

本章我们所讨论的预测模型都是以历史数据为基础，对未来可能发生的事情进行预测。就数据分析而言，过去往往是一个很好的起点。至于那些无法利用过去的数据去预测未来的情形，我们也需要及时总结思考。

预测模型外部情况的变化，就属于需要及时思考的情形之一。这些变化完全发生在你的企业之外，比如新技术的产生或客户生活的变化等。这些变化彻底改变了许多大型零售商的处境，让他们的销售预测模型派不上用场。当然，你也可能引发这样的变化，比如：你改变了销售产品的渠道，那么，你的销售预测模型同样也无法应对这种改变；如果你更换了某种产品的供货商，而其提供的产品出现了质量问题，那么，你的客服呼叫中心的需求模型也不可能马上做出反应。

因此，在现实中，我们应该经常检查这些建立在过去数据基础上的预测模型，因为它们是通过识别历史数据的分布，对未来进行预测的。这些预测的前提假设是，许多情况是持续稳定的，我们可以放心使用这些预测结果。但我们需要时刻牢记的是，其外部条件是会变化的。

2. 模型有可能过犹不及

等等，这怎么可能呢？在建模时，我们的目标当然是建立一个准确的模型。没错，但你有可能做过头了。试想一下我们前文提到的利用模型预测坏账客户的案例。我们利用了一组历史客户数据，其中既有坏账客户，也有优质客户。我们还掌握了这些客户的其他数据，包括他们如何付款、住在哪里等。

但是，让我们看看"客户住址"推导得出的逻辑结论是什么。如果我给计算机模型提供了所有客户的真实住址，那么，它可以建立一个简单的预测模型，推导出类似"住在这栋房子里的人会成为坏账客户，而住在其他房子里的人不会"的结论。将历史数据套用于该预测模型时，其准确率可高达 100%，因为该模型实际上就相当于对客户的分组；然而，它并不具备任何预测价值，因为我们将要预测的下一个客户可能根本不住在相同的地址。

这听起来似乎有些荒唐，但在此类模型中，这种极端案例却经常发生。这种情况被称为“过度拟合”（over-fitting），也就是说，在建立模型时，我们将大量过于详细、琐碎的信息放入了模型之中，并允许模型对其进行运算分析。从视觉上看，过度拟合的结果就是导致这条曲线波动得很厉害。你只是得到了一条围绕所有历史数据点波动的曲线而已，它并不能真正帮你预测未来。

幸运的是，有一种方法可以帮你在建模时避免出现这种情况，那就是引入一个对照组。

要想建立一个最为有效的预测模型，就不能将其建立在你所掌握的全部历史数据之上。相反，你需要保留一部分历史数据用于测试，用剩下的数据来建模，然后将模型应用于对照组数据，检查预测效果如何。随着输入模型的数据越来越细，出现数据过度拟合的可能性也越来越大。接下来，模型对所输入历史数据的预测效果也越来越好，但是，对照组的预测结果可能却毫无改善。通过观察试验进展，数据科学家会设法使预测模型的准确性实现最大化。

作为企业管理者，我们需要格外注意的是，当我们得到一个预测模型时，一定要询问对照组数据的预测情况。这样一来，就可以轻松避免预测模型具备强大的事后分析能力却毫无事前预测能力的情况。我遇到过一些大型企业的领导决策人员，在数据分析方面投入很大，却没有引入确保预测模型有效性的对照组，结果，他们一直无法正确衡量这些数据分析结果的价值。大家要注意规避这种情况。

3. 难以预测不常见的结果

我们不妨想象一下，你有一张彩票将于今晚开奖，于是你请我帮忙，建立一个预测你中奖结果的模型。

这个要求不难。我只需写一行代码，敲出“不，你不会中奖”即可。因为中彩票大奖的概率极低，差不多上千万人中只有一人中奖，至少在英国是这样的。我这个预测模型的准确率高于99.99999%。我如此出色地完成了任务，是不是应该给我发一大笔奖金？

相信你已经发现，我的模型虽然准确性高到出奇，却完全没有用处，因为它没有预测任何事情。仅凭准确性，并不能衡量一个预测模型的效果好坏。只要我们预测的是不常见的结果，就会出现这个问题。例如，在衡量罕见病的医学实验能否成功时，虽然预测实验失败的准确性很高，但却对现实没有任何帮助。

从企业的角度看，如果我们试图预测不常见的结果，在建模时一定要特别注意这个问题。一旦出现了这种情况，其结果要么毫无用处，要么非常有价值。例如，我们想辨别哪些信用申请属于欺诈，或者在销售产品之前识别哪些产品是有瑕疵的，这些不常见的预测结果就非常有价值。

幸运的是，在多数情况下，我们还有比总体准确性更好的衡量指标。例如，被预测模型漏掉的欺诈行为的占比，或者模型将优质客户错误地列为潜在违约客户的百分比，都可以作为衡量指标。事实上，我们也可以双管齐下，同时运用上述两种衡量指标，得出预测模型准确性的综合评分。

同样，具体采用哪种衡量标准是数据分析团队的事情。我们的主要收获在于，意识到模型所采取的衡量标准是什么，对准确性高达 99% 的模型保持警惕，因为它并没有预测那些 1% 的情况下会发生的事情。

4. 即使一个模型被构建得非常好，其结果也未必值得执行

我们刚刚讨论了衡量预测模型成功与否的标准，这让我们联想到了成本效益，而成本效益是个十分现实的问题。

收集数据本身可能就成本很高，在本书的第二部分，我们将讨论其中一些成本收益问题。就算数据都已经准备好了，就算企业内部的数据分析团队已经又快又好地完成了建模，成本问题依然是一个值得我们关注的重要问题。这个成本，就是我们根据模型结果采取实际措施的成本。

我们继续拿坏账模型的案例来说明。假设我们已经建好了一个预测模型，来预测哪些客户有可能成为坏账客户或优质客户。在没有模型时，新客户中有 1% 成为坏账客户，每一个坏账客户都给企业带来了损失。而有了预测模型之后，这个模型出色地识别出了潜在的坏账客户。比如把 100 位新客户分成两组，一组中有 97 人，他们肯定会成为优质客户，而剩下的 3 个人组成了第二组，其中有一人肯定会成为坏账客户，另外两人则是因为模型判断失误而被分到这一组的。

从纯粹分析的角度看，我们取得了非常好的成效。本来我们需要从 100 个新客户中猜测哪一个是潜在的坏账客户，我们的正确率仅为 1%，现在我们可以集中精力去分析这 3 个客户，而且其正确率为 33.33%。就我们手头所掌握的数据而言，预测结果的正确率实现这么大的提高，是非常可观的。在现实世界中，极少有模型能达到如此高的准确度。

不过，让我们一起来看看，得到预测结果之后，下一步我们该做什么。如果答案是我们将根据预测结果，拒绝为划分到坏账组的 3 个客户提供服务，那么成本收益方程就一目了然了。我们拒绝了确定坏账客户所节省的成本，是否大于我们拒绝了 2 个优质客户所失去的潜在收益呢？

答案是未必。可见，即便模型预测结果的准确性高得惊人，从企业经济收益的角度出发，我们如果忽略该预测结果，同时接受这一个坏账客户和另外两个优质客户，可能反而赚得更多。

这个成本收益问题主要取决于我们在研究什么问题，当然也取决于企业的经营状况。在某些情况下，成本收益或许会向预测结果倾斜，某些情况下却会偏离预测结果。

这里的意思已经很明显了。在考虑是否将一个预测模型作为企业业务管理的一部分时，核心问题在于，我们会对预测结果做什么。执行预测结果的成本是什么（含模型出错产生的成本，比如那两个被错分到坏账客户组的优质客户）？带来的收益又是什么？事实上，在我们建立模型之前，就值得提前算清楚这笔账。搞清楚这些成本和收益，有助于我们确定，将模型预测结果付诸行动的准确度阈值。

成本效益分析和提升曲线

上面的案例提出了一个值得注意的问题，在我们思考是否要用预测模型时，务必要牢记这一点。当然，没有一个模型是完美的，所以当你试图对客户进行分类时（比如，区分会购买某款产品的客户和不会购买该产品的客户），总会有一些预测会买的客户其实并没有购买，反之亦然。

预测模型的目的在于，让你能够集中精力去关注那些购买意愿更强的客户，而不是将精力浪费在随机挑选的客户身上。模型通常会根据能预测的数据，对客户购买意愿由高到低进行排序。也就是说，模型的实际效果是存在差异的，这主要取决于你考察的是具有最高购买意愿的少量客户，还是包含较低购买意愿客户在内的更大的客户样本。

图 5-8 所示的提升曲线（lift curve），直观地体现出这一点。

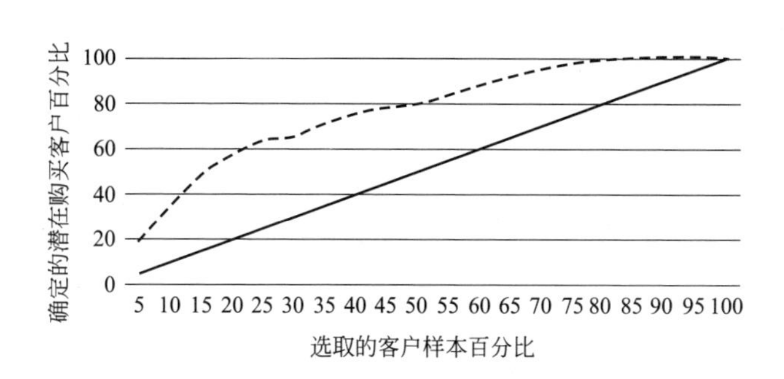

图 5-8 模型的提升曲线

—— 随机选取 - - - 模型产出

图 5-8 中的直线是没有建立预测模型时的情况。你很清楚，在你的客户群中，会有一定比例的客户购买新产品，但是你不知道他们是谁。因此，如果你随机抽取 10% 的客户，那么这组客户中，很可能有 10% 的人会购买新产品；如果你随机抽取 20% 的客户，则可能会有 20% 的人购买新产品。

图 5-8 中的曲线是模型的预测结果。它按照从左（购买意愿最高）到右（购买意愿最低）的顺序，将客户购买意愿排列了出来。如图 5-8 所示，如果我们关注的是购买意愿最高的前 5% 的客户，

则其中的潜在购买客户百分比为20%。此时的预测准确率提升至此前的4倍（20%除以5%）。

但是，如果将目标客户群扩大到前50%，我们就必须接受，这些客户中包括了一些购买意愿较低的人。在这部分客户中，确定的潜在购买客户百分比为80%，而预测准确率仅提升至此前的1.6倍（80%除以50%）。显然，在更大的客户样本中，我们关注的潜在购买客户的绝对值增加了，但是预测准确率的提高程度却降低了。因此，我们其实浪费了更多的成本，与那些不想购买产品的客户交谈。

我们刚才所讨论的成本效益点，其实就受到了"提升"这一概念的驱动，因为一般来说，我们都希望尽可能准确地确定潜在购买客户（或无意购买者、坏账客户等）。提升模型预测准确率的方法并非一成不变，它取决于我们的目标样本有多大。很多时候，当我们讨论预测模型的成本效益时，并非要寻求一个非黑即白的答案，而是在"关注较小客户样本，实现较大预测准确率提升"与"关注较大客户样本，实现较小预测准确率提升"之间做出权衡。事实上，如果我们充分了解目标客户的固定成本和可变成本，就可以算出来在提升曲线上，哪一点的投资收益最高。

案例分析

我曾与一家手机公司合作过，我们本章讨论的许多问题，也是这家手机公司所面临的问题。手机订阅服务的订单流失率相当高，每年都会流失 20% 的老客户订单，而吸引新客户的成本又非常之高。因此，该手机公司非常希望通过降低流失率，保持大量稳定的客户群，而不是经常花费高额代价去吸引新客户。

因此，我们的目标是非常明确的：我们想要建立一个预测模型，预测哪些客户将在未来几个月中不再订阅我们的服务，以便我们可以提前采取一些行动来挽留他们。

乍一看，我们可用的数据非常多。一家手机公司显然可以掌握很多数据，比如客户关系持续时间、客户账单金额、手机型号、拨打和接听了多少电话、发送接收了多少短信以及所使用的数据流量等。理论上，该手机公司还知道你在任何时间点所处的位置，你平时都和什么样的人打电话，哪些人打得最多。对于这一点，你可能会因为手机公司了解了你太多的个人信息而感到有些不安，这种担心是合理的。但我们在该案例中发现，实际中这些信息很难被整合到一起。不论是因为数据量的庞大，还是因为技术上的难度，这项工作都是非常困难的。

尽管如此，该手机公司还是制作了各种版本的预测模型，而且所有版本都有其价值。我们可以使用模型预测未来将要流失的客户，且预测准确率显著高于随机概率。从这一点看，我们建立的模型是成功的，它们带来了实实在在的提升。比如，当我们将关注范围缩小到前 10% 最有可能流失的客户时，预测模型能够让我们的准确率提升 3 ～ 4 倍。

然而，手机公司建立的这些模型的弊端在于，其成本效益不太尽如人意。即便模型显著提高了客户样本的准确率，可还是没有解决该怎么办的问题。主动联系客户的成本显然太高，也可以花较少的钱给客户发邮件，但是，通过一封邮件挽留客户、阻止其流失的概率又有多高呢？公司联系客户最有效的途径是打电话，可是这需要花不少钱。即便不考虑联络成本，也要考虑采取实际挽留措施的成本。

一旦搞清楚了哪些激励措施可以挽留客户，我们很快就明白，有可能在以下两个方面浪费资金：第一，向那些永远都不会流失的客户提供激励措施；第二，向那些无论如何挽留都一定会流失的客户提供激励措施。如果提供这两个方面的激励措施，其对应的两条成本曲线会给我们展现一个新的问题，就是我们虽然有可能相当准确地预测到哪些客户可能会流失，但从成本效益的角度讲，我们也不宜对此采取任何行动。事实上，这时不妨暂且等待，直到客户自己打电话过来取消服务，那时再尝试去解决问题。尽管这种事后处理的转化率要比我们主动出击时低一些，但此举也可避免企业花冤枉钱去联系那些不会流失的客户，从而获得更高的投资回报。

尽管前文列出了一些担忧，但你不必对预测模型的作用失去信心。在很多情况下，数据模型可以为企业带来巨大价值，是绝对值得尝试的。只要企业团队能够有意识地早做准备，就能使提到的所有注意事项变得可控。

所以，在了解了上述不同类型的数据分析之后，与团队好好谈一谈数据分析工作可能给企业各方面发展带来的好处，是非常重要的。除此之外，还可以讨论一下，你需要的数据和可能对这些数据提出的问题等。在本书第一部分的结尾，我们将会就“以数据为中心的企业到底意味着什么”这一问题继续展开讨论。

在此之前，我们还需要了解一下预测模型可能陷入的 5 种陷阱。

✦ *chapter 6* ✦

第六章

带伞未必下雨

本章我们将重点探讨一个常见的误区。如果搞不清楚这一点，我们在研究相关关系和因果关系的区别时，就有可能对预测结果形成严重误读。

上一章，我们讨论了数据科学家为帮助企业运营，建立了大量数据模型。这些模型可以预测哪些客户会买某款特定产品，以及哪些产品的不合格率高到离谱。

建模是为了解决具体问题，无论我们在建模时使用了多么巧妙的技术，从本质上讲，都是在利用历史数据，建立预测未来的模型。我们虽然列举了其中一些可能出错的地方，但还需要注意一个更基本的问题。这个基本问题即使在数据和模型都没有的情况下，也依然会困扰企业决策层。接下来，我们将用一个例子来加以说明。

案例分析

一家具有完备客户数据的线上零售商决定建立一个模型，其目标十分明确。零售商销售的产品种类繁多，因而希望让模型通过一个新客户初次购买的产品，来判断该客户将来会给企业带来多大的价值，即判断其客户终身价值（customer lifetime value，CLV）是多少。

显而易见，这样做肯定会对企业大有帮助。尽早识别有价值的客户，会影响到企业对该客户提供的服务级别以及维系客户关系投入的营销成本。

事实已证明，新客户购买的产品与他的终身价值之间的确存在着有趣的关系。通过前文讨论的一些建模技巧，零售商可以通过模型判断，当一个客户从琳琅满目的商品中，同时选购了产品 A 和

B 时，他就很可能会成为高价值客户。

表面来看，这是一个好消息。这个强大的、具有统计显著性的模型，能够针对原始问题，提供一个简单直接的答案。

但是，案例中的这家企业所采取的下一步行动，却彻底毁掉了这个模型，同时还扼杀了将预测答案转化为价值的可能性。

事情是如何发展到这一步的呢？就在企业还在为模型预测结果兴奋不已时，营销部门则已经着手向那些初次同时购买了产品 A 和 B 的新客户提供额外折扣了。

发现哪里不对劲了吗？

刚开始，如果客户初次同时购买了产品 A 和 B，说明他们可能成为高价值客户；可如果说他们因为一些折扣同时买了产品 A 和 B，所以成为高价值客户，这种推论就有问题了。开阿斯顿・马丁跑车的人，很有可能是有钱人，但是，并不是送给谁一辆阿斯顿・马丁跑车，此人就能变成有钱人（至少在他卖掉跑车之前不会）。同样，看到许多人带伞，说明今天下雨的可能性很高；但送给每位路人一把伞，却并不会导致下雨。

换言之，相关关系并不一定意味着因果关系。这句话，也是统计学中的一句至理名言。

对于本案例中倒霉的线上零售商而言，一旦他们开始主动鼓励客户购买产品 A 和 B，预测的准确性就荡然无存了。这两款产品的组合不再意味着一个客户可能成为高价值客户，而只代表营销团队的优惠券在客户的身上起了作用。

解读相关关系和因果关系

在向以数据为中心的企业转型之路上，我们在考虑企业的整体发展时，必须牢记一个重要的警示故事：对大多数人而言，搞清楚相关关系与因果关系之间的联系，是十分困难的。我们似乎从骨子里就爱从周遭的世界中寻找潜在的因果关系。于是乎，我们观察到的某些趋势很容易骗过我们，让我们以为，所观察到的两者之间存在着实际上并不存在的关联。

事实上，随着心理学和经济学在行为经济学研究过程中的进一步应用，大量相关理论也应运而生。这些理论解释了我们为什么会有以下的反应：如果你从身边的灌木丛中听到一阵簌簌声，然后你的邻居被狮子吃掉了，那么当你再次听到灌木丛中发出簌簌声时，必然会拔腿就跑。我们之所以能进化成今天的人类，可能就是因为我们懂得解读这两者之间的关系。

然而，不论出于什么样的潜在心理，将因和果倒置，或者将单纯的相关关系解读成因果关系，都是非常危险的事情。在前几章中，我们曾探讨过均值回归。此处我们将通过另一个有趣的视角，再次探讨这个问题。

通过审视相关关系与因果关系之间的关联，我们发现了另一个原因，可以解释为什么我们会经常犯这样的错误。

如果我笃信，只要将补救措施集中用于业绩排行榜中排在最后 25% 的店铺，下一季度这些店铺的业绩就会提高，那么我不仅犯了一个数学错误，还在并不存在因果关系的情况下，误以为这两者之间存在因果关系。可我采取了补救措施，然后店铺业绩提高了，这两者之间一定是相互关联的，不是吗？还真不一定。

在企业经营过程中，有些你认为理所当然的因果关系，其实值得从以下几个方面再三审视。

（1）企业在圣诞节之后继续进行促销活动，销售额提高了很多。

销售额的提高或许是因为，客户本来就有在此时购买企业产品的习惯。

（2）在我们公布最新的强劲贸易数据之后，企业股价出现了上涨。

如果经济环境向好，股市普涨，那么，企业股价的上涨可能与数据更新的关系并不大，至少不如你想象中的那么大。

（3）企业减少了促销经费，销售额出现了下降。

你之所以减少促销经费，是不是因为行业不景气，或者销售很难有起色？

（4）员工参与度高的企业，往往在股市上的表现也更好。

那些更成功的企业是否资金更多？是否在促进社会效益方面投入更大？

我并不是说，以上列出的相关关系在任何时候都不一定意味着因果关系。事实上，可能两者之间的确存在因果关系，但在这些场景中的确需要我们慎重思考，仅仅是观察到两件事具有相关性，并不足以得出两者存在因果关系的结论。

相关关系与因果关系的区别

那么，我们该如何全面考察相关关系，从而真正地形成对因果关系的正确理解呢？下面，我们将就此展开讨论。不论是在企业经营过程中，还是在数据模型预测结果时，如果你发现两件事情之间存在因果关系，不妨问问自己下列情况是否属实。

（1）相关关系是否与倾斜样本（skewed samples）有关？

比如，我们在前几章中讨论的均值回归。我们挑选了某一时期业绩最差的几家店铺，而没有考虑其中也包含了偶尔业绩较差的店铺，之后出现的业绩明显提升，只是从基本统计数据衍生出的一个伪命题而已。

（2）如果反过来，因果关系还能成立吗？

本章最初研究的案例就是这样的：高价值客户多倾向于同时购买产品 A 和 B，但是，使用优惠券购买产品 A 和 B 的客户还是高价值客户吗？这种情况下，因果关系反过来就不成立了。

（3）相关的两件事情 A 和 B，是否由第三个因素造成？

第三个因素常常被称为“干扰因子”（confounder），它是一种能够影响事件 A 和 B 的第三方力量。例如，秃头和财富有很高的相关关系，但两者并不能相互促进，只是均与男性年龄有关。

（4）相关关系可能纯属巧合吗？

著名信息分析员泰勒·维根（Tyler Vigen）创建了一个很棒的网站，名叫“伪相关”（Spurious Correlations），专门研究那些风马牛不相及的变量之间的高相关性。例如，从数据上看，在美国，掉进泳池发生溺水的人数与演员尼古拉斯·凯奇（Nicolas Cage）在该年度出演的电影数量有极大的相关关系。但是，如图 6-1 所示，这样的相关关系不可能意味着任何因果关系。事实上，在这样的观察中，根本就不存在真正的相关关系，只不过是在观察的某一段时间内，两种现象碰巧匹配而已，根本不可能持久吻合。

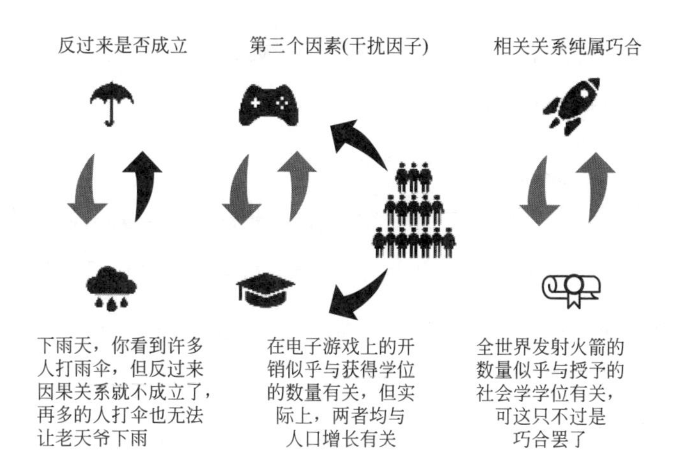

图 6-1　相关关系未必意味着因果关系

幸存者偏差

员工参与度较高的企业在股市上的表现也较好，这个表述展示了一种统计错误。这种错误为我们提供了一种洞察“伪相关”现象的新视角。假如我们所观察的企业样本并不是由我们来选取的，而是由企业自主选取的，选的又都是目前幸存于市场的企业，那么情况又当如何呢？

欢迎进入幸存者偏差（survivorship bias）的世界。

假设现在有 100 家创业企业刚刚成立，根据统计预测，三年之后，它们当中仅有半数能够幸存，其余的因为经营不佳或关键资金无法及时到位等种种原因而会全都倒闭。不论原因为何，从上面的数据可知，创业的失败率是非常高的。

现在不妨设想一下，为了给将来的创业企业提供宝贵经验，我们对其中幸存的 50 家企业进行了总结。结果，它们只有唯一一个共同点，那就是为员工提供了茶歇区、台球休闲区和免费零食。这难道就是成功创业企业的标志吗?

以我们内行的眼光和对因果关系的质疑经验来看，这个结论显然不成立。我们对创业失败的那 50 家企业一无所知。事实上，这些企业也很有可能为员工创造了上述福利，但却依然失败了。可见，是否提供舒适的坐垫和免费桌球机，对于一家创业企业的成功与否，根本没有任何参考价值。

对因果关系的基本判断失误的例子在现实世界屡见不鲜。即便是有的蝉联图书畅销榜的管理学教材，都只分析成功案例，而对失败案例鲜少提及。当金融顾问拿给你一张图表，向你介绍他们的基金业绩如何胜过炒股收益时，他们八成不会告诉你，在此期间，业绩不佳的基金早就被直接关停了，根本没有画到图表上去。

在现实中，当我们分析成功与失败的驱动因素时，唯一的办法就是以一组企业为样本，从头到尾跟踪其发展情况，既跟踪那些最终创业失败的企业，也跟踪那些创业成功的企业。

自信的错觉

即便如此，我们依然要时刻注意。还记得我们在前几章中提到的统计显著性吗？众所周知，95% 是我们常常用来划分统计数据置信区间的临界值。也就是说，无论我们得出的结论是什么，在 95% 的情况下，都不会出现由于数据显著性而导致的统计错误。

当然，这也就意味着，我们得到的结论在 5% 的情况下（或在自称反映了真实且具备统计学意义的分析结论中，每 20 份中就有 1 份）是可能存在统计错误的。在分析和研究论文时，该问题尤为突出。试想在研究某个课题时，有数百篇论文都试图证明某种观点是错的，那么无论如何，都会有 5% 的论文由于存在统计显著性问题而意外地成为证明观点正确的证据。反过来，如果所有得出重要结论的论文中，最终得以成功发表的只有因存在统计显著性问题而得出有趣结论的、吸引眼球的那些论文，而在各类学术期刊中，会出现更多貌似“经过科学验证”、实则未证明任何正确观点的论文，而它们不过是统计错误的产物，那么想到这里，你是不是觉得这样挺可怕的。

因此，即便我们很好地追踪了成功创业企业和失败创业企业的各种数据，还是可能有报纸在头条报道中声称，成功创业企业的 CEO 头发普遍比较长，而这只不过是巧合罢了。此类相关性并不能成为我们放弃常识的借口。

如果某种相关关系看起来非常像是因果关系，你依然可以进行检验。比如，你可以通过实验，调整你觉得可能改变结论的某些变量，然后看会发生什么。假如企业通过过度宣传，或向新客户免费赠送产品 A 和 B 等促销方式，真的让新客户变成了高价值客户，那这也是个不错的发现。不过事实上，这种情况并没有发生！

正如我们前文所探讨的，如果你尝试进行这样的实验，记住一定要引入对照组，以防观察对象随着时间的推移或因为数学原因而发生变化。只有真正（具备统计显著性）的数据变化和对照组才能给你正确的反馈，让你操控企业的业务杠杆，做一些实实在在、有用的事情。

我们用来增加企业价值的建模技术，以及对相关关系与因果关系之间区别的意识和警惕性，都是非常宝贵的。在继续讨论“打造以数据为中心的企业”这个实质问题之前，我们还有最后一个话题值得探讨，那就是充满不确定性却对企业至关重要的概率问题。

✦ *chapter 7* ✦

第七章

概率有多大

在了解了一系列分析模型案例之后，现在是时候走进概率的世界了。这对理解公司数据至关重要。

在前面的两章中，我们遇到的最多的词就是“可能”。例如，前文的案例中，我们谈到了预测客户成为坏账客户可能性的模型。在上一个案例的提升曲线中，我们在选取观察样本时，选择了更有可能做某件事情的客户，而没有选择随机客户，从而提高了整体预测的准确率，并清楚地计算出了提升比例。

从数学的角度看，这些表述都是围绕着概率（probability）这一概念展开的。一听到这个术语，你可能就会浑身起鸡皮疙瘩，联想到以往数学课上的可怕回忆——大多数人都会有这样的反应。但是我向你保证，概率的世界值得探索，因为这有助于我们成为更好的公司决策者。接下来，我们将从公司的角度，快速回顾与概率相关的内容。

许多数学专业的学生之所以抱怨概率论太难了，原因之一在于，概率论听上去似乎很简单，但学起来很快就变得极为复杂了。如果你问他们抛硬币出现正面的概率是多少，他们会很轻松地告诉你是50%；当你问他们连续两次出现正面的概率时，有些人就答不出来了；而如果你继续追问，抛3枚硬币出现“两正一反”的概率（任何顺序皆可）时，基本上就没人能答上来了。这些问题听上去都很简单，其中所涉及的数学知识也很浅显，但是要理解概率问题，并不能从我们平时看待这个世界的常规角度思考，靠加加减减是不行的。所有让我们觉得舒适和熟悉的方法，都解决不了概率问题。

答案是什么?

关于第一个问题，抛出一枚硬币出现正面的概率确实是50%。我们应该都会同意这一点。不过，如果想更直观地去思考这个问题，你可以想象一棵树，类似于我们之前见过的树形图。在这个案例中，只存在正反两种结果。因此，在硬币无差别的情况下，我们可以认为，出现正面的情况刚好占一半。

关于第二个问题，也可以根据树形图寻找解题线索。要讨论连续抛出两次正面的情况，我们需要扩展树形图的第二层，来列出所有可能的情形（先正后反、两次反面等）。我们很容易就能够证明，连续两次出现正面的概率为四分之一，即25%。具体情况如图7-1所示。

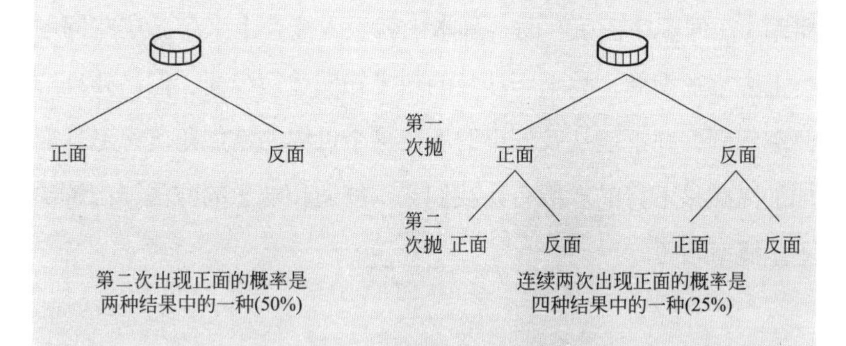

图7-1　抛硬币概率的树形图

第三个问题同样可以用树形图来解答。我们将树形图延展到第三层，可以看到3次抛硬币后，可能出现的所有正反面的组合。计算出“两正一反”情况发生的总次数，然后用这个数除以所有可能产生的结果总数，就得出了“两正一反”的概率。结果就是，在8种全部可能结果中，有3种“两正一反”的可能，也就是说，其概率等于37.5%。具体情况如图7-2所示。

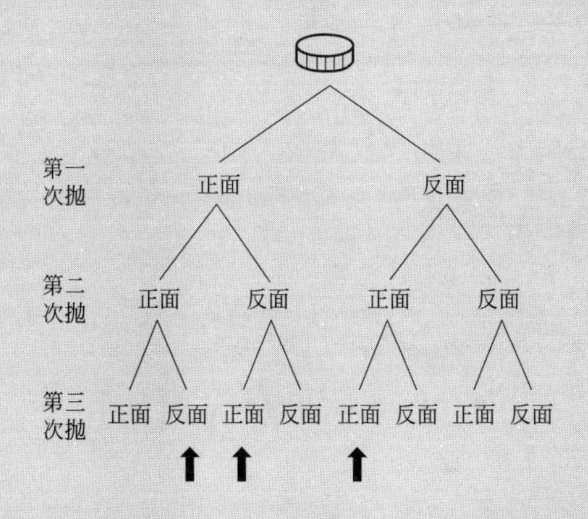

图7-2 出现“两正一反”的概率为8种结果中的3种

希望你能通过上述3个简单的抛硬币案例，了解到概率问题在概念上是相对简单的，至少在我们所考虑的公司向以数据为中心转型的问题上是这样的。

从旁观者的角度看，这些案例也说明了为什么人们会觉得数学很难。在数学上，从问题一发展到问题二是很简单的。如果出现一次正面的概率为50%，那么连续两次出现正面的概率，就等于两次抛硬币出现正面的概率相乘，也就是50%乘以50%，即25%。但是问题三，如果没有一目了然的树形图，就很难算出答案了。要计算3次抛硬币出现的可能结果的数量，是相对简单的。由于每抛一次都有两种可能的结果，所以抛3次之后可能出现的结果总数为2×2×2，也就是8。但是，要计算“两正一反”的概率，就牵涉到更多的数学问题了。在此，我们不做深入讨论。总之，抛硬币的次数越多，组合结果的可能性也就越多，讨论难度也就会更大。

公司中的概率应用

如果数学中的概率问题很难，那我们又何必在这个问题上耗费精力呢？原因在于，对了解公司数据而言，概率可谓是极其重要的。或者更确切地说，概率论中的某些概念，对于公司而言至关重要。和第一章中的重要概念相同的是，这些有关概率的概念也可以帮助我们规避对客户数据的严重误读。

不妨设想这样一个案例。在你的客户中，有20%的客户住在西南地区，有 20% 的客户年龄在 65 岁以上。现在，请问你的客户中，65 岁以上且住在西南地区的客户比例是多少？显然，仅凭上述信息是无法推出答案的。

有这样一种可能性，即所有 65 岁以上的客户恰好都住在西南地区，毕竟那里环境不错，气候也比较温暖。在这种情况下，答案将是 20%，因为这两项统计数字实际上描述的是相同的一群人。

但事实上，很可能的情况是，老年顾客是随机分布在全国各地的。在这种情况下，如果我们从居住在西南地区的这 20% 的客户着手，由于条件并没有指出西南地区客户的年龄结构与其他地区有任何不同，因此我们可以合理假设，在这 20% 的西南地区客户中，有 20% 的人超过 65 岁。也就是说，在我们的客户中，65 岁以上且住在西南地区的客户比例只有 20% 的 20%，即客户总人数的 4%。具体如图 7-3 所示。

场景一：两项统计数据完全重合，即65岁以上的客户全部住在西南地区

场景二：两项统计数据相互独立，即65岁以上的客户中，有20%住在西南地区，此时，满足两项条件的客户比例仅为总人数的4%(20%的20%)

图 7-3　20% 的客户住在西南地区，且 20% 的客户年龄在 65 岁以上

当然，还存在更极端的情况。有可能所有 65 岁以上的客户都住在别处。此时，65 岁以上且住在西南地区的客户比例将为 0。

数据之间的独立性

可见，由上述两项统计数据，可以得到截然不同的答案。这主要取决于这两项统计数据是否相互独立（independent）。“独立”这个词，对于理解概率的工作原理太重要了。

它是用来衡量不同数据的重叠程度及相互影响程度的基本标准。如果两项数据彼此完全独立，意味着了解其中一项数据，对于了解另一项数据毫无帮助。由于数据彼此完全独立，我们可以通过将两项数据概率相乘的方式得出答案。我们刚刚得到的 4% 的结果，就是这样算出来的。

在计算抛硬币的概率时，我们也用到了相同的计算方法。在知道了抛一次硬币出现正面的概率为 50% 之后，将 50% 与 50% 相乘，就得出了抛硬币连续两次出现正面的概率为 25%。这种计算方法就是建立在两次抛硬币的数据完全独立的假设之上的。第一次抛出了硬币的正面，对第二次抛硬币的结果没有任何影响。

如果改变这个假设条件，又会发生什么呢？设想一下，你有一大袋特制硬币，其中一半硬币两面均为正面，而另一半硬币则两面均为反面。此时，从袋子中随机挑选一枚硬币，抛出正面的概率为 50%，和抛正常硬币时相同。因为在这种情况下，你从袋子中挑选出两面都是正面的硬币的概率为 50%。

场景一：从袋子中挑选一枚正常硬币，连续抛出。如图 7-4 所示。

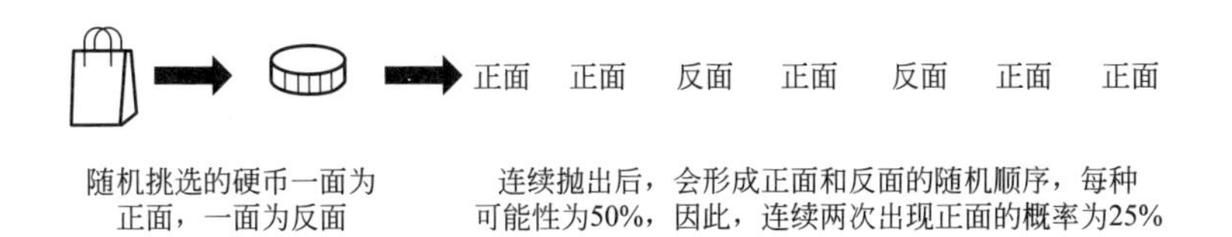

图 7-4 场景一中的情况

场景二：从装有特制硬币的袋子中挑选硬币，一半的硬币两面均为正面，一半的硬币两面均为反面。如图 7-5 所示。

图 7-5 场景二中的情况

再次抛出硬币时，由于这些特制硬币的两面是相同的，因此你会得到和第一次抛出后相同的答案。所以，如果你第一次抛出硬币后出现了正面，那么第二次抛也一定会出现正面。我们每次抛硬币的结果数据不再是独立的了，连续抛出两次正面的概率与抛出一次正面的概率相同，均为 50%。

真实公司场景中的重叠变量

那么，我们对概率是否重叠的新理解，跟实现公司目标又有什么关系呢？其实，在我们的现实生活中就有这样的例子。当你访问某个网站时，就会牵涉到类似问题。

假设你正在访问的网站刚好是由我来运营的。我希望在网页上向你投放广告，或推广自己公司的产品。不过，我可以投放给你的广告有很多，推广活动也有很多。具体而言，我又该将哪些内容投放给你呢？

有可能我想投放的是一款新手机的广告。无论什么时候，打算购买手机的人在整个人口中的数量占比都是很小的。假设在该案例中，想买手机的人占比为 1%，而我也并不想浪费广告空间，向那些不打算购买手机的人投放广告。那么，我该如何确定你是否对购买手机感兴趣呢？毕竟对于我的网站而言，你只是一个访问链接，我对你其实一无所知，因此，我真的很难判断你打算购买手机的概率究竟是高于还是低于这 1% 的平均水平。

偏差、贝叶斯法则和精准营销

除非——我的确了解你的一些情况，我知道你是通过哪个浏览器访问我的网站的，也知道你是使用手机还是笔记本上网的，根据互联网流量的性质，我也掌握了你所在的小镇或城市的基本信息，我还知道你在我的网站上浏览了哪些网页，可能会进行哪些搜索或其他点击。

根据这些细节，公司很可能找到用户是否打算购买手机的线索。设想一下，过去的历史数据显示，在我投放手机广告的所有用户中，仅有1% 的人点击了广告（与上述购买手机的人口平均水平一致）。不过，当我按浏览器类型划分流量之后发现，使用 Chrome 浏览器的用户中，有5% 的人点击了广告，而使用传统 Edge 浏览器的用户中，点击人数仅占0.1%。这说明，打算购买手机的人群倾向于使用 Chrome 浏览器，就像在前面的案例场景中，年长的客户倾向于住在西南地区一样。

此时，浏览器的使用情况和手机广告点击情况这两项数据并非彼此独立，而是存在一定的相关性。我观察到的浏览器使用情况就是一条线索。如果用户使用的是 Chrome 浏览器，就可以判断，该用户更有可能对手机广告做出积极反应。

有趣的是，这种相关性是可以累加的。如果我能掌握用户访问网站的更多数据，而其中每一种数据都指向该用户打算购买手机，那我就更有信心了。事实上，在网站上阅读技术文章的用户也很有可能购买手机。所以，如果我发现某个用户既使用了 Chrome 浏览器访问网站，又阅读了技术文章，那么，他很可能会购买手机。

当你在预测某件事情（如购买手机）时，你可以根据其他偏向或偏离核心数据的数据来提高预测的正确率，这种做法称为“贝叶斯法则（Bayes’ theorem）”[1]。贝叶斯法则广泛应用于各类数据的分析实践中。具体而言，我们刚才在判断网站该如何投放广告时的分析方法，本质上就属于贝叶斯法则的应用。

在此，我们没有必要深入探讨贝叶斯法则的数学原理，只需了解其核心观点即可。从原则上讲，在预测某件事情时，如果你发现其他条件与预测结果存在一定偏向或偏离关系，你就可以据此修正原先的预测结果。比如，通过分析用户对特定浏览器的使用情况，提高分辨潜在手机买家的预测准确率。

[1] 贝叶斯法则是概率统计中应用所观察到的现象对有关概率分布的主观判断（即先验概率）进行修正的标准方法。

总的来说，我们本章探讨的基于概率的预测技巧与之前讨论的预测模型多有重叠。这是可想而知的。当我们尝试预测一件事情时（例如预测市场参与者财务状况的优劣时），首先要确定的是根据哪些变量将统计对象划分到与预测相关的有序分组当中。在此过程中，我们所用到的展示变量关系的树形图，其实就与贝叶斯法则有异曲同工之妙。

通过对所有概率的简要回顾，我们发现，真正可以为我们所用的收获主要有以下两点。首先，在综合考虑所有概率时，要注意它们之间的相互依赖性和独立性，对重要的事情既不能重视过头，也不能重视不足。其次，当数据分析团队建立预测模型时，一定要意识到，每一条不同数据所呈现出的重叠性和相关性具备重要的预测潜力。该过程可以让你通过充分分析自己熟悉的事情，来预测自己不熟悉的事情。接下来，我们将讨论有哪些模型确实值得建立，并以此来结束本书的第一部分。

✦ *chapter 8* ✦

第八章 现实中的数据科学

本章我们将围绕评估公司业务的数据分析展开讨论。我们将通过探索，揭秘数据能够回答的关于公司的哪些问题，从而为公司带来更多赚钱的机会。

现在，我们已经对数据分析有了全面了解。我们可以建立不同类型的模型，其中，有些模型只是单纯用于描述我们的客户、产品或店铺的，有些模型则试图通过分析过去发生的数据，对未来可能发生的事情进行预测或预报。

如果数据分析真的如此简单，为什么不是每家公司都这样做呢？现实情况是：消费或零售企业充分利用数据的情况并不多。而对那些历史悠久的老牌企业而言，要向以数据为中心转型就更难了。在数据竞争方面，老牌企业的实力远远落后于那些闪闪发光的小型创新公司。

要想向以数据为中心转型，老牌企业面临着巨大挑战，转型过程中遭遇的难点太多，比如文化环境、现有管理团队对转型的态度以及引进新技术并将其融入现有团队中的难度等。在本书的第三部分中，我们将充分探讨这些与公司领导转换经营思路有关的话题，探讨向以数据为中心转型的成功案例和失败案例，并为管理团队提供一套确保转型成功的工具组合。

不过，在结束第一部分数据分析时，我们首先应该开阔思路，思考一下这几个问题：数据对于公司而言有哪些价值？我们该如何解锁这些价值？没错，我们可建立的模型有很多，但是，究竟应该投资建立哪些模型呢？在现实世界中，我们应该从哪里着手呢？

拉力练习：我们想问哪些问题？

正如我们所看到的，通过回顾和理解公司数据，提出各种问题，是一个不错的起点。我们已经了解到，可以提出的问题并不只集中在营销和推广方面，也并非只与客户有关。在一整套操作流程中，我们可以通过对数据提出问题，加强公司运营水平，改善物流服务，完善招聘和培训计划，提高客户服务质量，并推动公司其他方面向前发展。

对任何希望向以数据为中心转型的企业来说，这都是一个重要的开端。建议管理者们尽快与公司团队商讨此事。要想推进公司改革，树立鼓舞人心和激发士气的目标是第一步。好好想一想，数据分析能给公司各方面的发展带来什么价值。仔细阅读本书中的案例分析，看看哪些案例可能适用于你的公司，解锁属于你的奋斗目标。

我们前面讨论过，这个过程可以按职责分工来进行，具体参见下文中的相关表格。此外，在确定“我们希望了解的情况”时，还有一个重要技巧，那就是：从客户的立场出发，从头到尾地梳理整个流程。

仔细梳理客户从注册到下单支付的实际流程，你就会发现一些奇怪的事情：为什么客户在购物进行到一半时选择退出？为什么到商店购买产品的客户比网购客户发生退货的情况更少？制定从头到尾的全流程服务，针对每个环节提出问题，自然会找到数据能够解答的方法。

推力练习：我们掌握哪些数据?

不过，在回顾公司情况时，我们还需要同时开展一项重要的工作，那就是认真梳理我们掌握哪些数据，以及在考虑成本效益的情况下可以获得哪些数据。如果说回顾分析公司各部门发展，能够形成向以数据为中心转型的拉力和需求，那么，检视你们公司所掌握的数据，则能够形成推力。看一看公司掌握的数据，想一想："我们可以用这些数据做什么？"只有这样，才能找到经营策略中新的灵感和思路。

这两项工作——推一拉——必须同时进行。这是因为，如果你只是看看数据，问一问可以用数据来干什么，很可能形成危险的盲点，从而错失继续研究、收集新数据、创造新价值的机会，甚至在数据收集上出现投入大于产出的糟糕情况。同样，如果你只考虑公司各部门发展，而不考虑如何有效利用手头掌握的数据，你也会面临徒劳无功的风险。推力、拉力练习分析详见表 8-1。

表 8-1　推力、拉力练习分析

推力练习 （我们掌握或能够得到哪些数据？）	拉力练习 （公司的哪些部门能够从数据分析中受益？）
客户信息 （住址、人口学信息等）	销售与营销
客户购买行为数据 （购买的产品、客户服务互动等）	客户服务

续表

推力练习 （我们掌握或能够得到哪些数据？）	拉力练习 （公司的哪些部门能够从数据分析中受益？）
产品数据 （一段时间内的销售率、季节性特点、经常一起销售的产品）	采购与物流
店铺与卖场数据 （业绩比较，哪些产品在哪些店铺卖得格外好）	运营
人员数据 （销售业绩、出勤率、客户满意度等）	人员

注意事项

在进行上述过程时，有一个重要的注意事项需务必留意：你可能会听到不愿意听到的答案，对此，请一定做好心理准备。

案例分析

一位手机公司的高层领导曾提到关于其数据分析团队的一件事：他们给数据分析团队下达了一个任务，要求其找出本公司净推荐值（NPS）的真正推动因素，以及与客户满意度评分相关的所有积极行为。

通过模型分析，得出了令人满意的答案——客户满意度的最大推动因素是信号覆盖率。那些拥有良好的移动信号覆盖率的客户，通常都比较满意，因而忠诚度较高，对服务的反馈也不错；而那些移动信号覆盖率较差的客户则相反。

“没错，”管理团队很认同，“我们也猜到是这样，但是要想提高信号覆盖率可不容易，成本实在是太高了。除此之外，还有其他推动因素吗？”

不用说，下一个就是客户满意度了。但这也不是管理团队期待听到的。于是，随着询问过程的不断推进，终于轮到“客户忠诚度计划奖励”了。这正是管理团队愿意听到的。最后，整个数据分析工作以对忠诚度计划的反复修改而告终。当然，这并不会对公司的整体业务带来改变，因为客户满意度作为“更重要的推动因素”而被定义为“高难度”选项。

当你试图从数据中找到哪些因素可能推动客户行为，或以较低成本为公司带来经济效益时，请务必做好准备，聆听那些你不愿意听到的答案，千万别不假思索地否定它们。

有价值数据的特点

在本书的第二部分中，我们将更多地讨论，公司所掌握的数据种类，以及如何收集更多的数据。目前，我想说的是，作为公司高层领导的你，在考察数据分析如何助力公司业务时，了解什么样的数据可以为你所用，是一个重要的组成部分。

仅仅抽象地思考数据的不同类型还不够。要在以数据为中心的公司中发挥作用，一个特定的数据集必须具有下列重要特征。

（1）数据集必须具备统一定义和清晰结构。换句话说，数据集需要让你一目了然地知道，这些数据到底告诉了你什么信息。例如，你是卖服装的，那么每件产品（或最小存货单位，即SKU）都需要分配一个产品ID号，这本身没有任何问题。但是，如果关于该产品的其他信息，如颜色、材料、尺寸、供应商等，都只是嵌入在一般产品描述中（ID号可代表一切），那么就很难利用这些数据来建立模型了。知道某款产品的总销售量是很有用的，但是，如果你想了解卖出了多少不同种类的棉质T恤，或者多少条12码的裙子，那么，这些额外数据就必须有清晰结构和统一定义，同时具备可访问性，不能以嵌入的方式呈现。

（2）数据集必须是标准化的。如果你的客户在一个系统中是用客户ID来表示的，在另一个系统中却是以完全不同的数字号码表示的，就很难建立完整的客户档案。在向以数据为中心转型时，为客户建立统一档案，通常是需要最先完成的工作。而在这项工作中，最难的部分就在于将不同系统中的客户碎片信息整合为统一信息，因为这些信息碎片往往不能很好地对应。比如，将一个在销售系统中购买了产品的客户，与在客服系统中发起投诉的客户联系起来，并没有看上去的那么容易。

（3）数据集必须是可查询的。“可查询的”是一个可怕的词，但其重点在于，有价值的信息一定会存储在某处，而当你需要用到它时，应该可以随时调取，并从中得到有用的答案。因此，数据库不仅要存储数据，还要便于查询，并以适当格式提供反馈，最好还能与其他拥有独立数据池的数据库进行关联。

（4）数据集必须是安全的。近年来，数据泄露、数据漏洞和黑客攻击等事件屡见不鲜。要完全防止公司的敏感数据外泄，是非常困难的。但是，你依然可以采取各种措施，提高数据的安全性，让公司免于遭受上述攻击。网络和数据安全事关公司声誉，属于董事会应考虑之事，不是仅由 IT 部门负责的问题。

（5）数据集必须是合法的。不同国家关于数据保护的法规差别很大。但是，随着近年来人们对于隐私问题越来越重视，数据的合法性也成为备受关注的话题。请务必确保，你所掌握的数据是有法律依据的，且符合当地的相关规定。不过，除了遵守这些基本法规外，还得让客户能够接受你的数据收集行为才行。近年来，我们经常看到，某些大公司因为挖掘了有价值且不寻常的客户信息（例如人脸识别）而官司缠身，虽然这种数据（信息）收集的过程很可能是合法的，但却引起了客户的极大反感。

数据查询结构

数据库究竟是什么？我们不需要知道所有的技术细节。但是，如果我们对数据的放置位置有一个大致了解，那么在考虑数据存储结构和可访问性等问题时，就更有可能取得成功。

数据库是数据的归档系统。它根据数据的特定分类，将数据划分到各类表格中，每张表格都记录着你需要存储的信息。例如，客户数据库表格，顾名思义，就是用来记录我们了解到的某个客户的全部信息的。

这些记录由许多字段组成。每一个字段，都存储着该条记录中的某个信息。因此，一个客户数据库包含每个客户的所有记录，而每个记录中，又包含着记录客户姓名、地址等信息的字段。当然，不同公司的客户数据库会相差迥异。一个提供订阅服务的会员制企业，会记录你的注册日期、订阅服务内容、支付手段等信息；一个在线企业，则会记录你的电子邮件地址以及在线账户的其他信息。

这些数据库之间的关联性，是一个关键概念。你的客户数据库存储的是有关客户的信息，并会给每个客户分配一个参考号。而独立的销售数据库存储的则是每一条销售记录。当然，其中一定包括一个字段，记录你将产品卖给了哪个客户，而且很可能就是以客户数据库中的客户参考号来进行记录的。

用行话来说，这些都属于关系型数据库。其优势在于，当我们向某个数据库发起查询时，可以同时参考其他关系型数据库中的相关数据。因此，如果我们只有一个客户数据库，我们只可以查询某一地区的所有客户清单；但如果我们将客户数据库与产品销售数据库相关联，我们就可以查询去年在这一地区购买过某款特定产品的客户清单。

向数据库提出问题的这一动作，用术语来讲，可称为查询。我们可以利用统一的编程语言，向数据库及其他所有关系型数据库发起查询。这种语言被称为**结构化查询语言**（structured query language，SQL），也就是你经常会从数据库极客口中听到的SQL。不过，对我们而言，只需要知道数据存在于一系列数据库中，且符合前文所说的统一定义、清晰结构等标准，我们就可以针对数据提出各种各样的问题。

数据、数据库及成本效益问题

公司的数据应该便于访问，相互关联，且可以进行复杂查询，这似乎是一个十分基本的要求。如果你可以将客户、产品、销售和服务等各方面的数据都以这种方式相互关联，那么公司就可以采取许多创新举措了。

例如，你可以查询哪些是高价值客户经常购买的产品，还可以查询哪些产品出现了质量问题，导致了大量的投诉电话，这些查询结果对公司都是很有用的。如果你的客服部门能尽快掌握问题产品的信息，且其中包含了高价值客户经常购买的一款产品，那么，公司就能迅速做出反应，找出相关问题并及时解决。

遗憾的是，经营并非如此简单。随着时间的推移，不同部门已经建立起相互独立的数据结构。数据库之间并没有唯一且标准的参考号。有时候，因技术所限，不同数据库之间甚至无法进行交互。因此，在任何数据分析计划中，早期应该采取的关键步骤是，确保所有数据的结构合理且相互关联，从而保证你想提出的问题可以转化为真正的数据查询。

不过，单纯地追求数据库结构的完美，是没有什么实际意义的。有些类型的数据保持独立反而更好。无论如何，任何对数据库进行整合或形成统一档案的项目，都将涉及大量资金和昂贵资源的投入。

因此，更好的做法是引入我们前面讨论过的拉力和推力分析，找到你认为值得分析的问题，然后反过来确定哪些数据库问题是需要首先解决的。

在我们列出潜在问题清单时，不论是审查客户全程操作功能，还是回顾我们手头掌握的数据，始终都存在着成本效益的叠加问题。有些问题可能回答起来成本很高，有些数据的获取成本可能非常昂贵。可我们不能仅仅因为自己听到了不想听的答案，就将这些借口当作我们不提出问题或不收集数据的理由。

结论

现在要结束本书的第一部分了，让我们来总结一下目前谈到的内容。

我们学到了最重要的一点，那就是：数据的价值很少体现在单一的统计数据中，例如平均值；相反，只有去挖掘数据背后的含义，才能发现价值。一种优质产品占公司销售总额的 2%，这是个不错的数据。但是，在深挖数据背后的细节之后，你发现在几家店铺中该产品的销量占销售额的 10%。为什么会这样呢？在观察到这些店铺和其他店铺之间的差距时，你会得出怎样的结论呢？如何将这个有趣的发现转化为公司的盈利呢？这些问题都引出了我们的目标——打造以数据为中心的公司。

我们还了解到，计算机模型可以帮助我们处理数据细节。有些模型可以对数据进行归类，为公司的发展提供有益的建议，比如我们讨论过的客户细分。其他模型则更具针对性和目的性，可以根据历史数据，来预测未来的事情。这些模型有可能会根据客户的行为习惯，预测客户的可能分类（例如，将客户归类为潜在的坏账客户或优质客户），也可能会在分类的基础上更进一步，计算出客户流失或对营销信息进行回应的概率，或其他类似事项的概率。

这些优秀的模型之所以会联系在一起，是因为它们都能够广泛应用于公司业务的各个方面，不仅能助力营销和商业决策，还能优化供应链和仓储流程，区分店铺业绩的高低以及产品的不同类型。事实上，作为公司管理层，我们面临的最重要的任务就是正确看待整个公司的发展情况，根据数据背后的意义，确定哪些领域应该优先发展。

通过第一部分的内容，希望你已经了解到，公司可以利用的模型有很多，数据团队能够为你带来巨大的价值。我希望，你对那些貌似令人反感的术语，比如“神经网络”和“统计显著性”等，可以有一个简单的了解。读完第一部分之后，我们并不会成为专业的数据科学家，我只希望读者们对数据的可能性有一个初步了解，并对将数据转化为公司的商业竞争优势产生些许新的想法。

现在，是时候来看看我们经营的公司和我们（应该）掌握的数据了。要想打造以数据为中心的公司，我们首先要将自己打造成以数据为中心的公司的管理层。

第二部分

如何寻找有价值数据

本书第二部分，我们将会把注意力从数据分析转向对各类经营数据的理解，以及这些数据可转化的价值上。

首先，我们仍将从客户着手，通过特定客户的销售数据，理解客户终身价值的重要意义。

其次，我们将介绍消费企业捕捉数据的一些方法，并讨论客户忠诚度计划这个重要话题。

再次，我们还将回顾那些通过分析可以产生价值的数据类型，包括产品库存、店铺业绩和其他运营指标等。

最后，我们将探讨一些能够产生价值的外部数据，包括客户满意度和市场份额等。

✦ *chapter 9* ✦

第九章 从客户着手

本章将重点关注客户数据。我们将研究一个重要话题——如何衡量并跟踪公司与每位客户之间关系的价值，即客户终身价值。

首先，让我们谈一谈公司营销预算中缺失的那一半对象。

与零售商或酒店相比，以客户关系为基础的公司（例如电信运营商和宽带供应商）掌握着大量的客户数据。他们必须知道，谁是他们的客户，客户住在哪里，这样才能为客户提供服务。与此同时，订阅服务确保了他们会收到客户的定期付款，从而形成了客户的历史交易数据。

除了这些基础数据之外，公司还会掌握订阅客户如何使用服务的细节信息。比如说，你的手机运营商会知道，有谁给你打电话以及打电话的频率；只要你的手机开机，他们就会知道你所处的位置，这让他们对你的日常生活了如指掌。

由于掌握了如此丰富的数据，这些公司也比许多其他行业更早地开始探索数据科学的力量，并且已经非常擅长分析和利用数据了。我们将探讨这些公司不断完善的数据分析技巧，并从他们身上取长补短，为我们自己所用。

维护老客户的巨大潜力

不过，在开始讨论之前，我们不妨先以旁观者的身份，看看拥有如此丰富的客户数据会产生什么样的结果。让我们来看看，这些公司是如何在营销上投入他们的时间和金钱的。

任何一家合格的电信运营商都不会只将营销预算花在招揽新客户上。相反，他们会利用所掌握的数据和自己的经营远见，去维护老客户，或让老客户将更多的钱花在升级服务上。在这样的公司中，会单独有一个部门专门负责去劝说（甚至花钱挽留）那些试图取消服务的老客户，劝他们改变主意。公司也会花时间和资源对数据库进行搜索，预测哪些老客户会在不久的将来取消服务，并尽早找到他们。且公司不会放过任何让老客户升级服务的机会。比如，假如公司发现某老客户经常出差，就很可能向他推送额外的漫游促销活动。

总体而言，许多这样的公司在维护老客户与追加销售方面的花费，至少会与招揽新客户的花费持平。而这种做法，才是公司最该做的事情，维持老客户业务关系的回报，往往比获取新客户的回报更高。前者让身为公司管理层的你延长了可以广泛预测的客户关系；而后者只是带来了一个新客户而已，况且该新客户或许很快就会取消服务，或变成坏账客户或低利润客户。所以，还是老客户更加靠谱一些。

当你意识到，营销新客户通常是需要花钱的，以上分析就显得更有道理了。这些花费可能是你为了扩大品牌影响力、打造特殊优惠活动、吸引新人入店，而不得不花的钱。但是，对于很多订阅企业而言，它们还会为新客户补贴昂贵的移动设备用来绑定订阅服务，导致招揽新客户的成本甚至比维护老客户的成本还要高。当你考虑到这些成本时，维护好与老客户关系的好处就不言而喻了。

可是，假如你的公司不是一家订阅服务公司，没办法轻易掌握客户信息，那又该怎么办呢？如果你经营的是零售企业或酒店业务，你维护老客户的成本将有多大？我敢打赌，你根本没有制定这样的预算。在缺乏必要数据去衡量客户价值的前提下，你也没有办法去计算维护老客户的回报有多大。这意味着，那些掌握大量客户数据的企业在组织营销活动时，知道这将给它们带来最大的回报，值得他们从总支出中拿出大头来做这件事情；而你，却对此一无所知。

谁是你最具价值的客户？

我们换一个角度来看待这个问题。如果一家电信运营商或付费电视公司发现，单月消费水平最高且合作多年的客户，突然之间取消了服务，电信运营商或付费电视公司一方必然会采取挽留措施。然而，如果你最具价值的客户决定不再来你店里买东西，不再来你的餐厅或酒店消费，而是投奔了你的竞争对手，你甚至连知道都不知道，你会束手无策，因为你根本不知道这样的客户都是谁。

这正是打造以数据为中心的企业的重要论据。如果你能像订阅企业那样了解你的客户，了解他们的消费情况，你就能开拓此前无法企及的另一半营销机会，也就能彻底地改变自己企业的状况。遗憾的是，对于零售商和酒店而言，收集这些数据并不容易，需要投入不少时间和金钱。但是，这个回报是相当可观且值得的。

因此，在第二部分中，我们将重点讨论客户数据，包括你能收集到哪些数据，以及如何收集到它们。让我们从一些实际情况开始着手。我们可以把客户数据分为两类，第一类是客户个人信息数据，第二类是客户消费行为数据，尤其是他们在我们这里的消费记录。

关于客户个人信息的数据

你可能想立刻研究第二类数据。毕竟，正是客户的一系列消费行为，给公司带来了收入。不过，让我们先想一下，我们还知道或者还想知道哪些客户的个人信息。

（1）客户叫什么名字？如何联系他们？

这听起来很简单，但是由于许多零售交易都是匿名的，要收集这些客户基本信息可能会十分困难。可没有这些信息，我们就无法联系客户，也无法做任何前文中所讨论的客户关系维护工作，从而为公司创造价值。

（2）客户的身份是个人还是家庭？

许多零售企业都直接将客户视为个人，但在许多情况下，客户的身份未必是个人。一位家长可能会为自己的孩子买鞋、买衣服、买玩具。一个家庭可能会一起预订假期的机票。一对夫妻可能会一起购买很多东西。有时候，客户群体的构成情况也十分关键，比如一群人一起购买门票时。当然，在其他情况下，当客户构成信息不太明确时，也可以把客户视为个人考虑。我们都有过这样的经历，当我们为朋友网购了礼物之后，会发现自己被相同产品的推送广告所淹没，因为零售商并不知道，作为客户的我们，其实不是在为自己买东西。

（3）客户住在哪儿？

如果我们需要将客户网购的商品送货上门，客户住址显然具备实际用途，但住址信息的用途远不止于此。知道客户住在哪里，我们就可以知道离客户最近的实体店铺是哪一家，并制定相应的营销信息。我们还可以通过客户住址，分析某家店铺的客户来自哪里，从而了解每家店铺的服务范围。此外，住址还有一个间接用途：正如我们在第一部分中讨论过的，我们可以根据不同的邮编，分析出大量人口学信息。这意味着，如果我们知道客户住在哪里，就可以对他们的身份有大致了解，从而判断他们可能需要我们提供怎样的产品和服务。

（4）我们还知道客户的哪些相关信息？或者他们还分享了自己的哪些信息？

如果你是卖宠物产品的，那么，知道客户的宠物类型、品种、年龄，甚至名字都是十分重要的。如果你卖的是保健品或健身产品，那么了解客户在这方面的兴趣和偏好对销售也是有帮助的。一般来说，我们对客户了解得越多，越能更好地为他们提供服务。正如本书第一部分讨论概率时所看到的，我们可以通过客户的一系列购买行为，来推断出此类信息。而且，客户主动选择与我们分享的兴趣爱好等相关信息，是无可替代的。

（5）客户使用的支付方式是什么？

和我们收集到的其他辅助客户信息一样，关于付款方式的信息也同样具备实用价值和间接价值。例如，我们可以向那些使用信用卡的客户推送无息信贷产品；又或者，客户选择的支付方式，可能对我们建立客户流失预测模型具备一定参考价值。

（6）客户平时使用哪些社交媒体？他们是否在这些平台上浏览了我们品牌的相关信息？

（7）该客户此前是否使用过我们提供的服务？他们是否曾投诉或咨询过任何问题？他们是否曾与网络客服进行过沟通，或在公司的社交媒体账号上发过言？

关于客户行为的数据

在对客户的个人信息（即第一类信息）有了初步了解后，我们来关注客户的第二类信息，也就是更为重要的历史交易记录。

（1）客户从我们这里购买过什么产品和服务？

（2）他们是否重复购买过某些产品或服务？他们的购买是否有规律和具有可预测性？

（3）他们是否参与了公司的忠诚度计划？如果是，他们有多少积分？他们是否获得过任何奖励或权益？

（4）他们倾向于购买促销产品，还是全价产品？

（5）他们倾向于购买刚刚上架的产品，还是上架了一段时间的产品？

（6）他们是否倾向于对电子邮件广告、邮寄产品图册做出回应？是否有其他互动？

（7）客户购物车里的产品构成是否能提供给我们任何信息？他们是否会打包购买某些产品？

（8）客户使用的购买渠道有哪些？如果他们也在实体店购物，那他们光顾的是哪些实体店铺？

总的来说，第一类客户个人信息属于静态信息，这类信息将个人（或家庭）作为购买单位；第二类个人交易数据则明显是动态信息，这类信息体现了客户与商家的一系列互动，并记录了客户关系的发展过程（甚至终止过程）。

建立你的数据模型

在这两种情况下，具体的数据集都取决于你们公司所处的行业以及所销售的产品。正如我们在本书第一部分看到的，你应该和公司团队一起商讨确定，客户的哪些信息和购买记录是值得掌握的。只要你想，你总是可以收集到更多的客户信息。但是，收集信息往往是有成本的。所以，在建立数据模型时，你应该将收集目标锁定在那些能够帮助你建立和管理客户关系的数据上。

在本书第一部分，我们广泛探讨了可以针对数据提出的问题，以及我们能够建立的数据模型。这些内容可以作为很好的筛选条件，帮我们将有用的数据区分出来，在建立模型时发挥不可或缺的作用。

随着你分析能力的不断提高，你对将数据转化为价值的理解也会更加深入。且随着数据模型讨论的继续，你还会发现，掌握的信息越多，分析的结果就越好。而与此同时，你还会发现，某些信息的收集难度非常大，成本也很高，可为公司带来的增值却并不明显，因此是可以放弃的。

在这次讨论中，对客户的尊重和个人隐私问题也应该被纳入。稍后，我们会谈到更多关于存储客户信息所涉及的现实及法律问题。不过目前，我们暂时只探讨客户数据的分析问题。我们不妨将自己想象成以下企业。

（1）企业在社交媒体上注意到，客户抱怨自己经常会头疼，所以企业需要提高客户的人寿保险费。

（2）企业注意到，客户经常点单人餐的外卖，所以我们向客户发起了是否愿意订阅我们全新约会服务的邀请。

（3）作为购物平台的企业，注意到某位客户在买衣服上花的钱在客户所在的城市排名第一，并向客户发出祝贺！

这些信息无疑都是对客户的打扰和冒犯，每一条都可能损害而非增进企业与客户的关系。而这些荒唐、可笑的信息，却与很多企业在现实生活中的所作所为不谋而合。如果打造以数据为中心的企业的终极目标是构建长久的、有价值的客户关系，那么实现这个目标的唯一途径，只可能是客户认为公平且符合其利益的方式。

这条原则也适用于客户主动选择与你分享的信息。最终，客户打算告诉你多少个人信息，完全取决于客户自己。为了问一些无助于数据分析的个人问题而得罪客户，是因小失大。这条原则尤其适用于那些你收集到的、客户未明确选择分享给你的数据以及你根据其他信息推测出来的数据。

举例说明：根据你所建立的数据模型的预测，某位客户极有可能对购买产品 X 感兴趣，但模型预测并不是 100% 准确的。即便模型的预测结果是准确的，以下两条营销信息的效果也有着天壤之别。

第一条是："何不尝试一下产品 X？"

第二条是："根据我们的数据预测，你该购买产品 X 了。"

没有人希望被暗中监视。

客户数据审核

在探讨了道德和常识等基本问题之后，我们开始讨论本章的主要内容：客户数据审核（图 9-1）。

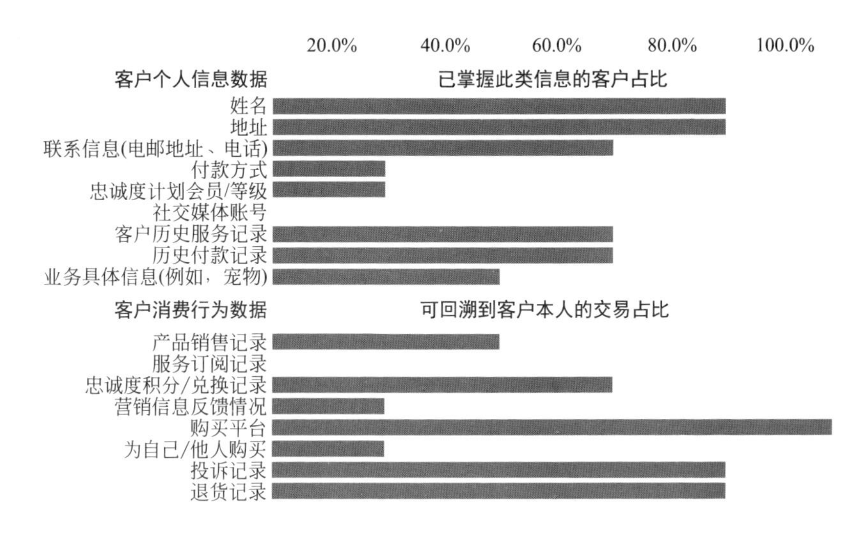

图 9-1　客户数据审核

前面我们了解到，公司可以掌握客户的很多信息和行为。接下来，我们首先要面对的问题就是：公司实际上掌握了客户的哪些信息？这些信息是否完整？

通过图 9-1 中的信息，我们可以从两个维度大致了解一下这些数据的情况。

第一个维度是我们能够掌握的客户个人信息的类型。每类数据下方均列出了各项信息明细。公司团队需要通过讨论，确定哪些信息明细对公司是有用的。我们没有必要一次就做出 100% 正确的选择。正如我们所见，这些情况是不断变化的。不过，对最重要的信息项达成共识，有助于公司理清思路，针对前文所讨论的数据分析提出有价值的问题。

第二个维度同样重要。这个维度是要求公司纵观整张图，评估自己所掌握的具体数据点的完整性。例如，如果你将客户家庭住址作为一个重要信息点，那就看看图，检查一下自己已掌握该项信息的客户占比是多少。

图 9-1 中第一个板块（客户个人信息数据）关注的是你已掌握某项特定信息的客户占比，而第二个板块（客户消费行为数据）的衡量标准则略有不同，图中的百分比代表着在特定的一段时间内，可回溯到客户本人的交易占比。

因此，举例而言，如果你觉得了解客户从你这里购买了什么产品，是一个重要的数据点（我打赌你一定是这样想的），那么，在公司每周的销售交易中，可回溯到某位客户账户的交易又占比多少呢？而剩下的那些无法回溯的交易，要么是由无法被识别身份的客户完成的，要么是由身份信息已知但在该交易中未留下身份信息的客户完成的。

我发现，对于许多零售企业和酒店来说，客户数据审核的作用更大。在每年都从他们那里购买产品和服务的老客户中，许多零售企业只能识别其中的一小部分。而针对客户数据审核图（图 9-1）中第一行的问题，许多零售商的回答都是：他们只能够识别所有从他们那里网购的客户，因为客户注册了网购账号，提供了各类细节信息，但几乎没有零售商可以全部识别在实体店消费的客户，这种情况非常之普遍。当然，如果零售商推出了客户忠诚度计划，那么实体店客户的识别率也会大幅提高；但是与网购相比，仍然非常低。尤其是在会员卡泛滥的今天，客户往往会拒绝办理会员卡。

当你来到第二板块，提出可回溯到客户本人的交易有多少时，你会发现，客户数据缺失的情况会更为明显。这个问题显然与你能识别多少客户密切相关。但可识别交易的占比与可识别客户的占比并不是一样的数字，因为其可回溯交易（甚至收入）的占比，会高于可识别客户的占比，因为愿意忍受麻烦去办理会员卡的客户，往往也是消费较频繁、消费金额较大的客户。

而更令人震惊的是，不同企业“可回溯交易的占比”之间的差距是非常大的。我曾经合作过商业街上的一些零售商，他们有 70% 甚至 80% 的交易都可以回溯到客户本人。但是，也有相同行业的其他企业，其可回溯率甚至不到 20%。这种差异太关键了。在本书第一部分中，我们看到了，你掌握数据的多少总是限制着你建立模型和进行细分的能力。这个能力范围的上限可以很高，而下限却可以约等于零。

引入客户终身价值

当你无法将交易回溯到客户本人时，你所缺少的正是本章开头提到的，对不同客户具备相对价值的认识，以及维护老客户、追加销售和培养最具价值客户的能力。

用数据分析术语来讲，这叫“**客户终身价值**”（CLV）。这是一个大家耳熟能详的词，我们都可能在某些时候，在某个规划或营销会议上用到过它。不过，客户数据审核让我们能够对客户终身价值的内涵一目了然，它就是我们与每位客户所有交易的总和。有关客户终身价值的计算方法详见表 9-1。

表 9-1　客户终身价值的计算方法

<table>
<tr><td colspan="3">来自客户的“终身”收入是我们与客户关系总价值的核心内容，可分为三个部分</td></tr>
<tr><td>他们每次光顾时花多少钱</td><td>他们每年光顾几次</td><td>客户关系维持时间有几年</td></tr>
<tr><td colspan="3">改善这三个指标中的任何一个，都能为我们的公司增加价值。
但除非我们拥有所需的核心客户访问数据，否则，我们无法做到这一点</td></tr>
</table>

事实上，我合作过的一家订阅服务企业的负责人曾经开玩笑说，我们的商业模式就是三个数字相乘——客户的总人数 × 客户每月的消费金额 × 客户关系持续的时间。通过对本章中客户数据审核的了解，我们应该对于自己是否真的掌握这些数据有了一个基本的认识。如果你不掌握这些数据，那么所有关于维护老客户、追加销售及其他高级分析方法就都与你无缘了。

在这种情况下，我们最好采取措施，积极应对。如果你的审核结果是，你对客户及他们的消费行为知之甚少，那么我们就应该研究对策，努力弥补这一短板。而这，就是我们在下一章中要做的事情。

✦ *chapter 10* ✦

第十章
争取忠诚度

本章我们将探讨以不同方式收集客户个人数据和交易数据的利与弊，并对利用客户忠诚度收集客户数据的一种司空见惯的方式——会员卡展开讨论。

上一章，我们了解了掌握客户个人数据以及将交易回溯到客户本人（包括消费记录、客服电话、投诉及退货记录）的价值。

如果企业掌握了丰富的客户关系数据，并了解了每个客户与众不同的特点，就可以做到有的放矢，采取许多应对措施。在本书第一部分，我们探讨了与客户关系相关的数据模型，具体涉及下列使用场景。

（1）建立老客户维护计划，旨在确保企业最具价值的优质客户不会流失到竞争对手那里，或当客户已经转向竞争对手时，再努力将其争取回来。

（2）鼓励客户对已消费的产品和服务进行升级，分析客户的历史消费数据，推荐他们有可能感兴趣的新产品。这是一个极具价值的模型，因为有大量研究表明，客户与企业的关系越深入，客户在企业这里消费购买的产品就越多，客户关系持续的时间就越长，客户关系的价值也就越大。

（3）通过鼓励客户在非高峰期来店消费，提高店铺的经营效率。

（4）识别最有可能和有兴趣购买某款新产品或系列产品的客户类型。

所以，对于企业而言，了解你的客户是谁，他们从你店里（何时）购买了何种产品，是很有好处的。这些数据除了可用于进行一些巧妙的分析之外，还让你得以做好一项更基础、更基本的工作，那就是提供卓越的客户服务。

个体户的优势

我发现自己常常会拿小型独立零售商（俗称“个体户”）来举例。这些个体户对自己的客户群了如指掌，能够本能地识别谁是忠诚度高的、有价值的客户。他们可能会为这些客户提供额外的服务，比如笑脸相迎、拉拉家常等。但无论以什么方式，他们都会竭尽所能，确保这些有价值客户享受整个购物过程，并十分乐意再次光顾。当然，这些个体户们希望自己所有的客户都能经常光顾，但是对于个体户老板或市场摊主来说，在心里对客户价值进行区分，并对不同客户做出不同的反应，是一种自然且明智的人性化做法。

然而，当企业的规模越做越大时，这样的优势就难以保持了。当成功的独立零售商开了上百家连锁店时，他已经很难再拥有这种区分客户价值的本能了。毫无疑问，这上百家连锁店里的店长和管理团队也想对客户的价值进行区分。但是，大企业的流程会不可避免地阻碍他们这么做。在奖励或认可有价值客户方面，他们的权限要比个体户少得多。由于大企业对服务时效的考核，使得他们很可能会面临更大压力，从而花更少的时间去服务每一位客户。更何况，员工无论如何都不可能比老板更有动力去为有价值的客户服务，或尽力多做一些事情。

可想而知，从消费数据的角度看，许多消费类企业都不可避免地陷入了一种尴尬的境地：与个体户相比，他们对客户价值缺乏本能的、直觉的、主观的判断；同时，他们也不掌握客户数据，无法进行有效分析，以至于无法达到同样的效果。

单一经营的优势

对于实体企业而言，尤其是面对电商企业这种单一经营的竞争对手时，这种在数据上的差距就更为明显了。客户只要选择在网上购物，就必须要提供相关的身份信息。因此，电商可以轻而易举地建立起完备的客户数据库。此外，由于电商通常是在最近几年才兴起的，他们也不会被过去的技术问题所困扰。也就是说，他们不仅有完备的客户数据库，还能够实现数据库的互联互通，从而提供更强大的数据分析基础！

那么对于实体企业来讲，能够做些什么呢？答案就是客户忠诚度计划。

客户忠诚度的假象

客户忠诚度计划，在一定程度上，相当于是解决客户数据问题的一个副产品。对于那些长期实施会员制的企业来说，最重要的动力就是培养客户忠诚度。这其中的逻辑在于，通过为会员创造激励，鼓励他们进行更多的消费（不同产品或特定日期的消费），从而促进品牌成长，并培养会员的消费习惯。

这种旨在鼓励消费的忠诚度计划并非什么新鲜事物，而是存在很长时间了。在客户消费后发放优惠券或卡片，积攒到一定数量，就可以换取免费礼品，这种做法可以追溯到 18 世纪。时至今日，其奖励方式已经变成了咖啡店或面包房的积分卡，每次购物时，店员会在上面盖一个章，集齐所有印章后，就可以换一杯免费咖啡。

如今，这些简单的客户忠诚度计划，以及航空公司推出的更为复杂的飞行常客计划，在生活中已经司空见惯了。在许多人的钱包中，都装满了这样或那样的会员卡。但是，这些卡片是否真的能够达到预期效果呢？

相关学术文献给出的答案喜忧参半。

有证据表明，咖啡店推出的这种积分卡确实增加了客户的购买频率；但讽刺的是，对积分卡最买账的是那些临时消费的客户，而非店里的常客。

研究发现，要想最大限度地发挥这类忠诚度计划的效用，就必须制定更有趣的内容，比如意外的奖励、新颖的奖励以及合理设置的级别等，以激发客户的兴趣。

客户忠诚度计划的奖励越接近兑现时，客户的消费行为就越受到该计划的影响和改变。不过，随着时间的推移，忠诚度计划对实际购买行为的影响力会不断减弱。

当客户持有多家企业的会员卡或积分卡时，这类忠诚度计划的影响力会进一步减弱。

一般来说，仅仅为了创造额外收入，就推出奖励客户的忠诚度计划，并不是一个考虑周全的做法。启动和管理忠诚度计划是需要成本的，发放奖励也是需要成本的。按理说，忠诚度计划实施之后，所带来的新增收入必须要能够覆盖上述成本才划得来。

鉴于成本效益的计算过程十分复杂，许多消费类企业要么完全避开这个话题，要么改换成本最低的忠诚度计划（例如咖啡店的积分卡），从而实现风险最小化。只可惜，这样的选择让他们恰恰错过了忠诚度计划的真正优势——帮助企业提高客户数据的完整度。

忠诚度的真正价值

随着企业开发出了更为复杂的忠诚度积分计划，他们发现，忠诚度计划的真正价值并不在于直接改变客户行为（能改变当然最好），而是在于让企业终于能够找到销售与客户之间有意义的联系。

随着消费最频繁、最有价值的客户办理了会员卡，你的客户数据空白得到了填补。现在，你可以将店里的一部分消费记录回溯到客户本人了。会员卡不仅让客户在实体店的消费更加一目了然，还让你得以将客户的线下交易与线上交易联系起来，因为他们在线上交易时，应该也会使用会员卡。

且了解客户的跨平台消费行为，也可以极大地改变企业的经营现状。如果你只根据线上销售情况来判断谁是最具价值客户，则无法得知这些客户在企业的整体经营中，是否也属于最具价值客户。

很有可能，你最具价值的客户并不是单纯地参与线上购物或线下购物，而是两种形式都有参与。此前，许多零售类企业在进行数据分析时，完全基于线上客户的数据。其原因很简单，他们只掌握客户的线上销售数据。拿这样的分析结果去描述整体客户群，存在着很大风险。因为这种结果是片面的，对于企业的其他业务而言并不具备参考价值。正因如此，数据分析的结果往往也只是发送给营销部门，告诉他们应该给哪些客户发送促销邮件。在本书的第三部分，我们将聚焦这种风险，并集中讨论解决这一问题的办法。

忠诚度计划的出发点问题

忠诚度计划的真正价值在于，它填补了客户数据的空白，提高了可回溯交易的比例。这才是我们在规划忠诚度计划的内容或进行忠诚度计划的决策时，应该考虑的核心问题。在以往的忠诚度案例中，成本效益分析往往是企业决策的出发点。

我们将提供哪些奖励、折扣和其他好处？由此带来的客户忠诚度提高和消费增长，是否证明我们的投入是合理的？

而现在，我们已经明白了，我们真正的出发点应该是：我们将提供哪些奖励、折扣和其他好处？我们可以收集到多少额外的客户数据？这些数据将为企业带来什么价值？

虽然后者才是我们应该思考的正确出发点，但它也变得更难评估。至少在理论上，前者可以通过建模来解决，甚至可以通过区域试点来进行测试；而后者，则向我们提出了一个更微妙、更难以直接衡量的挑战。

将成本效益作为出发点的风险在于，它将企业引向了完全错误的答案。设想一下，你正经营着一家时尚企业。对于你而言，客户数据的真正价值在于，将正确的商品分配到正确的店铺，以满足客户需求。你必须在每个关键销售季到来之前，将正确的商品种类和尺码配送到各家店铺。

这时，在企业的董事会上，有人提出了推出会员卡的想法。在考虑这项提议时，你没有考虑它是否有助于达成你的关键目标（将正确的商品种类和尺码送到各家店铺），而是从成本效益分析出发，考虑了计划带来的直接得失。

按照这种思路，很容易计算出你需要赠送的礼品成本（积分和折扣）。至于你能得到的回报，最多不过是会员卡提高了客户忠诚度和销售业绩的一些证据，而且还是零星的证据。于是乎，你得出了结论，要么否决会员卡的提议，要么就换另一种成本更低、更普通的方式来提高客户忠诚度。这种做法从一开始就注定会失败。

如果这种事情在你耳朵里听起来很熟悉，说明很多人都做了这样的选择。许多零售企业和酒店都曾经在评估是否推出会员卡时，选择了错误的出发点，导致最终做出了错误的决策。

所以，让我们从正确的出发点来评估会员卡的提议。接下来，我们会将这个问题一分为二，逐一展开讨论。

会员卡的成本问题

首先，我们来谈谈成本问题。我们需要提供多少优惠，才能吸引客户注册并办理会员卡。

显然，这个问题的答案和企业的具体情况息息相关。它涉及多方面的问题，比如那些客户无论如何都会花的钱，会员卡对客户消费习惯的改变，以及你出售的不同类型产品和服务的毛利和利润率等。

在你考虑建模时，请务必再三考虑本章所列出的客户忠诚度计划的种种影响，这可以帮你节省很多钱。另外，请不要忘记，客户更愿意参加那些有趣的、新颖的、富于变化的且可以持续带来惊喜的客户忠诚度计划。当你坐下来设计自己的忠诚度计划，并利用模型估算其成本时，这是需要重点考虑的一方面。

案例分析

我曾经研究过两个截然不同的客户忠诚度计划，它们很好地说明了设计思路的重要性。

第一个计划是一家时尚品牌企业设计的会员卡，其内容相当普通，特点就是非常慷慨，给客户提供了 10% 的返券优惠。与许多其他品牌的会员卡相比，这张卡的优惠程度要高出很多。然而，这张卡为品牌带来的促销效果却不太明显。当我们对客户数据进行审核时，发现可回溯到客户本人的店铺交易还不到 30%。

相比之下，由一家零售商推出的另一个客户忠诚度计划就相当专业了。这张会员卡是为目标客户群专门设计的，体现了零售商在客户营销领域的专业和热忱。持卡人可以享受一系列优惠，优惠条款烦琐而复杂，但是，全部与客户的自身利益息息相关。让我印象最为深刻的是，这张会员卡为客户提供的实际经济回报非常少，只是偶尔会有些优惠券而已，和上面的时尚品牌相比根本不值一提。

第一次看到这个计划时，我特别想告诉这家零售商，他们的计划太过小气，而且条款过于复杂和小众。可是，当我发现他们已经利用这个计划将店铺交易的可回溯比例提高到 70% 以上时，我真的惊呆了。事实证明，就客户忠诚度或会员计划而言，设计有趣、体贴、新颖的内容，远比提供直接优惠更加重要。

企业在设计会员卡时，除了拿捏好趣味性和会员优惠之间的平衡，还应少些算计，这一点很重要。

在英国，一家位于商业街的大型零售商就在这个问题上吃了亏。从其推出的会员计划就能明显看出，这家零售商面临着经营困难的问题，他们不给客户持续购买的商品提供任何优惠，而只给那些可买可不买的新品打折。这样一来，效益核算的确变得更简单了，因为该计划不包含那些客户无论如何都会购买的高利润商品。

然而，该会员计划的危险之处在于，它提供的会员优惠并不是客户真正需要的。更何况，与上面的案例不同，该计划在设计上没有有趣或新颖之处。结果，零售商“聪明反被聪明误”，计划只能以失败告终。

相比之下，英国商业街上最成功的会员卡当属 Boots 会员积分卡（Boots advantage card），它已经有很长的历史了。这张卡虽然功能不多，但名气非常大，其奖励总是十分贴心，而且对于持卡人而言都是有用的。正因如此，它才能在数百万消费者的钱包中赢得一席之地。

所以，我们可以得出结论，在设计客户忠诚度计划时，第一步就是要制订对企业和客户双方而言，都有趣且体贴的计划。当然，能够提供一定的价值也很重要。尤其是在今天，我们生活的这个令人眼花缭乱的零售世界，谁的钱包中都少不了一大堆会员卡。

会员卡的好处

接下来，我们要关注会员卡的好处问题。这里的好处是指，会员卡在被设计、推出并营销推广之后可能累积的利益。一旦客户拥有了这张卡，会给品牌带来哪些好处。

当然，在一定程度上，会员卡可能会以增加销量的形式带来实际回报。尽管在本章我们已经明确了，将会员卡的目标单纯定义为刺激销量，其实是制订了错误的目标，过分考虑吸引客户办理会员卡的成本也是不明智的做法。任何成本效益分析都应该将这一点作为抵消成本的因素之一，纳入考虑范围。

但是，正如我们所见，会员卡真正的好处在于我们所得到的客户数据，我们看到了客户群在哪里，看到了更多的生意机会，这都是数据带给我们的。当然，这种情况让成本收益分析也变得更加复杂。

我们或许难以事先了解：加深对客户群的理解，将会给企业创造什么样的价值。但是，我们至少可以尝试去做一些分析。方法之一就是根据我们掌握的数据，进行一次**思维实验**（thought experiments）。如果你已经知道，在所有客户中，有 5% 的客户为你带来了 15% 的收入，那么，你至少可以计算出维护这些客户或招揽更多类似客户的好处。

同样地，如果你掌握了足够多的数据，并按照客户终身价值，将所有客户划分为不同等级，那你就能够计算出，当一个客户从某个等级提升至下一等级时，可以给你带来的好处。也许你不清楚，需要获得多少额外数据，才可以对客户进行分级，但你至少可以利用手头数据做一些可信度测验。

如果你能选一家店进行一个试点测试，产生可以实际测算的确切结果，那么在确定会员计划带来的好处时，也会变得容易一些。在第三部分，我们还将详细讨论在企业中推广在尝试中学习的文化（test and learn culture）的好处，这是一个值得付诸行动的好例子。如果你认为自己找不到合适的理由去这样做，那么你还有两种选择：要么放弃这个想法（冒着犯错的风险）；要么换一种成本更低的方法去试一试。而后一种选择，是一个几乎所有成功企业都运用过的思路。

会员卡并非唯一答案

当你去评估一个会员忠诚度计划，或重新评估已经开展的会员计划时，请时刻牢记，如果你的主要目的是为了将更多交易回溯到客户本人的话，那么除了会员卡，其他方法也可以帮助你实现这一目标。从本质上讲，我们就是需要找到一种方法，搞清楚每一笔交易所对应的客户是谁。

让我们来想一想，我们可以用哪些方法做到这一点。

比较激进的办法就是，直接去问客户他们是谁。其实，在客户交易时，抓住一个信息点，我们就可以实现与客户刷会员卡时相同的目标。这个信息点常常是电子邮箱地址，而数据收集的目的，往往被“请留下您的电邮地址，以便我们将收据发给你”的话术所掩盖。当然，其他话术也可以帮助我们去确认客户身份，具体取决于我们的数据库期待掌握客户的哪些数据。比如，手机号码也是一种可以识别客户身份的数据点。

随着技术的进步，完全虚拟的会员卡也成为了一种可能。只要客户在公司注册过自己的信用卡或借记卡，那么，每次客户使用这张卡购物时，交易就可以回溯到这位客户本人。不过，这种虚拟会员卡操作起来，要比听上去的更麻烦，数据保护的相关规定和第三方银行都是增加操作难度的因素之一。不过，随着这种虚拟会员卡的应用成为现实，识别客户身份的成本也大大降低了。

事实上，支付技术的进步也可以帮零售商的忙。例如，目前，人们已开始使用手机进行零接触支付，这相当于客户向移动钱包运营商分享了消费信息，包括客户在哪里消费以及花了多少钱等。今天，客户虽然没有将这些信息直接分享给零售商，但支付服务运营商完全有可能为客户提供一个加入计划，将客户的消费记录，尤其是自带精确时间戳的消费记录，返回给零售商，让消费记录和客户个人之间产生联系。

同样，世界各地的零售商也在不断进行创新，利用信标等新技术在客户到店时与其手机建立链接。信标链接不会冒犯客户，因为它和 Wifi 不一样，不需要客户进行任何手动操作，此外，信标还充分考虑了隐私问题。一般来说，客户需要先在手机上安装 APP，并同意将 APP 数据传送给信标。这为构建客户共享社区创造了条件。在客户同意分享数据之后，零售商会知道客户在店内的位置，以及前往哪个结款台结账。虽然这不能完美地将订单与客户联系起来，但也不失为一种很有意义的进步。

这些会员替代方案，有些已经成为现实，有些还在等待技术进一步革新，以及支付及手机钱包运营商的服务创新。虽然许多交易都是匿名进行的，但是，任何关注客户终身价值的企业，都应该密切关注这一领域。或许，这将成为一个替代昂贵会员计划的好方法。

结论

本章我们探讨了一家企业在向以数据为中心转型的过程中，最大的进步在于，将消费记录与每一位客户联系起来，理解客户的个人价值。

我们还探讨了实现这一目标的多种方法。我们看到，要想将客户与其消费记录联系起来，必须掌握好有效性和成本效益之间的平衡。我们还知道，与该领域相关的技术正在不断向前发展。

然而，上述所有方法实施的前提，是征得客户的同意。只有在客户知晓并自愿加入的情况下，我们才能够成功地进行数据收集工作。反过来，这意味着我们需要为客户提供适当的奖励和激励，让我们所选择的数据采集方式不会冒犯客户，或引起客户的反感。

当我们把这些事情都做好了，我们在前面讨论过的数据分析技术就有用武之地了。这些技术不光可以应用于客户数据的分析，还能为企业的其他方面创造潜在价值。所以，让我们（暂时）先将客户放在一边，来好好想一想，数据在其他方面如何为企业带来收益。

✦ *chapter 11* ✦

第十一章

库存、门店和经营业绩

本章我们将关注客户数据之外的其他内容，研究其他类型的公司数据，以及这些数据可能为公司带来的价值。

我们从客户个人数据及其消费记录着手，开启探索公司数据的旅程并不偶然。维护最具价值客户、推动收入增加的模型和数据分析，本身就是极富吸引力的话题，也是经常被写进文章并屡次获奖的一类分析。

不过，公司还拥有许多其他的数据。运用我们学到的分析技巧，深挖这些均值背后的深意，对公司同样大有好处。

案例分析一

试想一下，一家大型超市有很多的会员客户，也拥有包含客户历史消费数据的庞大数据库。很显然，这些都是衡量客户终身价值，采取以客户为中心相关措施的重要原材料。

可是，这家与众不同的超市，却利用所有数据做了另一件事，给客户的每一次购物形成一个购物车。因为客户每次购买的全部产品，显然都会放进同一辆购物车里。购物车不仅展示了客户的消费行为，也揭示了在某个特定时间点，客户对购买产品的一种选择。分析不同时间段，不同客户其购物车中的产品构成，可以让我们了解关于客户的更多信息。

例如，购物车可以展现客户选择产品类型的变化趋势。他们愿意以较低单价购买家庭装产品，还是愿意购买更便于拿回家的小包装产品？在某一个地区，客户是否倾向于购买更多的即食食品，而购买更少的粮油产品？还是刚好相反？在周末和工作日，客户对购物车中的产品选择是否存在差别？

我们之前探讨的所有分析技巧，都可以用来回答此类问题。如果我们利用数据集或数据细分技巧，处理购物车数据，会出现什么有意思的事情？客户在购买某些产品时，会不会比我们想象得更频繁？而这又说明了什么？

案例中的超市不仅利用客户的购物车数据做了上述所有分析，还做了一件对公司产生巨大影响的事情：超市对客户放入购物车的产品类型进行了分析，并做到了在某些消费潮流蔚然成风之前，及时洞察趋势。一旦发现苗头之后，他们就能够先于竞争对手有所行动，例如为关注体重健康的客户推出一系列有机食品和即食产品，现在，这两类产品都是当之无愧的热销产品，而提前通过数据分析窥探到这种潮流，则可以为超市赢得了宝贵的商机。

数据为公司其他方面创造的利润

现在，让我们来想一想，应该如何对公司的整体业务进行数据分析。

（1）了解客户购买产品的宏观趋势（如案例中的那家超市）。

通过分析客户个人消费行为，洞察更广泛的消费趋势，我们可能会发现新的产品类别，或观察到其他苗头，比如国内不同地区的客户心理变化等。

（2）建立库存模型，为每家门店分配适当的库存产品种类及数量（对于时尚行业零售商而言，还包括合适的服装尺码）。

正如我们将在下一个案例中探讨的那样，在许多零售企业中，库存产品的分配过程仍然是按照某种惯例在进行的。

（3）预测各种需求高峰时段，比如客服中心的电话高峰、实体店铺的客流高峰或网站点击量高峰等。

在每种情况下，准确的需求模型都让我们能够以最具成本效益的方式，合理地进行资源配置。例如，在高峰时段，安排足够数量的客服人员来接听电话。

（4）对购物中心或百货公司的老板而言，可以通过模型分析，为不同的特许经销品牌或产品类别合理分配营业场所。

（5）对于一家大型物流公司而言，可以通过模型分析，计算出快递车的最佳路线，以及每辆车负责运送的最佳订单组合，以达到效率最高、成本最低的效果。

（6）通过建立模型，分析不同产品的故障率或投诉量，确定发生特定问题的产品，在客户对产品质量形成大量投诉之前，提前定位该产品的“问题批次”。

我相信，你和你的管理团队肯定能找到许多类似的案例。将这些案例与客户数据模型联系起来，我们就能够建立客户终身价值、客户流失率、坏账客户预测、特定产品购买意愿等各种模型。显而易见，无论是公司的各个部门，还是管理团队的各种职能，都可以从数据分析中受益。

案例分析二

一家以数据为中心的零售商都有一个值得深入讨论的问题：如何优化每家门店的产品销售范围？零售商们都知道，从本质上讲，库存产品意味着积压资金，因此，确保将那些能够给企业带来收入的产品放进仓库，是取得经营成功的关键因素之一。

零售商通常会利用各种系统，确保在正确的时间，将正确的产品送到正确的门店里。但是，这些系统有的相当复杂，有的却只凭直觉或惯例预测，给出类似于“这是该门店每年此时通常需要的产品数量”的提示。

所以，预测结果不尽如人意也就不奇怪了。比如，英国零售商玛莎百货（Marks & Spencer）在分析整个秋冬季的销售收入令人失望的原因时，将其归咎于物流部门的操作失误，因为他们没有将合适尺码的大衣送到该送去的门店。

而许多零售商在初次进行以数据为驱动的库存水平调查时，都深刻地体验了“均值恒错”的教训。他们通常会发现，他们报告的所谓合理的总体库存均值数字，其实还包含了一大堆滞销产品。这些产品在门店里存放多年，长期占用营运资金，早已经布满了灰尘。

在解决这一问题时，一家食品零售商采取了极富创意的做法，并用到了不同的技术组合。根据会员卡的数据，零售商了解了客户在哪些门店进行了消费，在购物车里放入了哪些产品。但是，零售商并没有利用这些数据去简单地建立一个总体数据模型，而是首先对门店类型进行了细分。例如，哪些门店的主要客户属于下班后购物的人群，哪些门店的客户主要为周边居民等。

零售商先对门店进行分类（请注意，没有人监督门店分类工作，所以对具体划分的类型也没有规定），然后建立为每种类型的门店分配产品库存的预测模型，这种做法让公司的整体业绩和效益都得到了提高。

案例分析三

在通过模型测算合理库存水平时，一家 DIY 零售商的做法十分有趣。根据各门店的历史数据和服务区域，该 DIY 零售商在对不同门店的库存需求水平建立模型时，提出了**最小工程量**（minimum project quantity）的概念。例如，在浴室油漆产品的库存中，如果某种颜色的库存低于涂刷一间浴室所需的平均油漆用量，那么，在库存中保留这点儿零头，其实并没有任何意义。

这种从客户需求量出发的考量角度（我们将在下一章中进一步探讨）完全改变了零售商建立的最佳库存模型的输出结果。客户对许多产品的最低需求量，有可能远远高于门店的库存需求。在意识到这一点之后，为了保留满足最小工程量的库存，零售商就要想办法缩小产品的种类。而这本身，又是另一个非常有趣的建模过程。

负空间的影响

纵观公司所有业务数据，当你从中选择适当数据建立模型时，还应该注意，哪些产品是卖不动的，哪些产品的库存是从未减少的。艺术家在创作艺术作品时，往往会考虑物体之间的间隙，即**负空间**（negative space）。同样地，在我们评估公司业务数据时，也可以将其中某些负面数据当作公司业务中的负空间。

那些客户考虑购买但最终没有购买的产品数据，就是一个很好的负空间案例。如果你了解到，你出售的某些产品表面上非常具有吸引力，经常被客户拿起来仔细挑选，但最终却并未实际购买，那么，这些数据实际上向你传达了很有用的信息。在一家时装店里，货架上的一件衣服也许看起来不错，但是摸起来手感不舒服，所以客户还是宁愿将其放回货架上，也不愿意花钱买回家。

针对这种负空间，我们应该如何测算呢？

在你的公司的网站上查找那些被客户浏览过但却未被购买的产品，是一个显而易见的办法。你可以查看，客户点击了哪些商品的页面，停留了一段时间，阅读了评论区，甚至将商品添加到了购物车，但最终却并没有购买。通过这一系列信息，你可以了解到网站的可用性（比如产品的图片是否充满吸引力）、出售产品的完整性（客户是否选中了某款产品，但因为缺乏相应尺码或花色而选择放弃）、产品价位以及同业竞争情况。

事实上，客户在网站购物时，也经常会拿你的产品与竞争对手的产品进行比较，这本身就是极具价值的潜在数据源。今天的技术，已经可以做到允许品牌跟踪其竞争对手的营销动态、产品价位变化，甚至是某些特定单品的库存缺货情况。这些数据都可以为品牌带来大量商机。

但正如前文提到的，由于网络数据容易获得，过度地分析这些线上数据，也可能将企业引向错误的方向。网络数据无法告诉你，哪些衣服的手感不好，虽然退货数据可能可以说明一定问题。这部分数据也是关于负空间的一个有趣的信息库。

想要真正了解那些客户认真考虑但还是选择放弃的产品，我们需要将门店数据和网络数据结合起来看。可是，我们又如何知道，门店中的哪些衣服是被客户试穿过，但最终没有购买的呢？

借助技术手段，或许我们可以得到答案。例如，在优衣库等服装专卖店中，除了衣服的价签之外，RFID 电子标签的应用也正在逐渐普及。商家可以利用扫码器，监控带有 RFID 电子标签的服装在店内的行动轨迹。RFID 标签对于服装而言是独一无二的，且也可应用于其他场景。最常见的是收款台，只需将所有带有 RFID 标签的衣服堆放在扫描台上，收款机就可以自动读取衣服的价格。这种付款方式，比人工逐一扫描价签要方便得多。

不过，我们之所以讨论，是为了弄清楚 RFID 标签及相关技术是否可以作为我们测算负空间的另一种数据来源。通过扫描该 RFID 标签，门店就能够监控那些进过试衣间被试穿的衣服。将该数据与销售数据进行对比，就可以准确地了解客户的购买行为了。

RFID 技术的应用，让我们联想起前文提到的一个画面。有了这种技术，大型服装店的老板 / 经理就能够快速地了解客户试穿过哪些衣服但最终并未购买，从而拥有与个体户老板相同的经营体验。

在本章中，我们把客户的个人数据和消费记录放在一边，重点研究了数据在公司其他方面的应用价值，例如分配门店库存，以及测算那些虽被试穿了但却没卖出去的产品所形成的负空间数据等。

至此，还剩一个数据库等待我们去探索：外部数据，以及外部数据给公司带来的价值。

✦ *chapter 12* ✦

第十二章

由外向内看

本章我们将聚焦公司以外的数据。先收集公司以外客户的看法，然后再讨论最有用的外部数据王牌：市场占有率报告。

提问的力量

为什么你会经常去那几家商店买东西？为什么你会经常去那几

家餐厅吃饭，成为那里的常客？

关于此类问题，大部分人显然都会回答：因为这是我们的理性选择。可我们在那里花掉的钱，又能换回什么呢？我们购买的商品或餐食质量是否过关，性价比又是否令人满意呢？

其实，理性评估只是答案中的一方面。我们当然还会考虑：我们选择去购物或吃饭的环境给我们带来了怎样的体验？服务员是否面带微笑？消费环境看起来是否与我们的身份相称？我们是否觉得这里的工作人员和其他客人与自己属于同一类人？当我们需要帮助时，这里是否会有人给予关照或帮我们解决问题？

所有这些问题，都指向了消费者决策时的情感因素。我曾经与一位的优秀学者共事过。他为此专门发明了一个词，叫作“头、心、手”（head，heart and hand），来形容消费者在选择某个特定品牌时的心理。在决策时，消费者一般会考虑三层关键因素。

（1）头。首先，消费者在决定要购买什么产品时，会先做出客观决策：这款产品是否是能买到的最好产品？与竞争对手相比，这款产品有哪些优势？

（2）心。其次，正如刚刚提到的，消费者在做决策时，还会受到情感因素的影响。

（3）手。最后，手代表消费者对如何花钱做出的价值选择，比如，在哪里购买什么东西？是否要为了更低的单价而购买家庭装产品？在产品的保质期之前，我们来得及用完吗？

通过上述区分，我们可以看出，头和手代表了决策过程中的理性因素，而心则代表了情感因素。

任何一家消费企业或品牌在寻求新客户和收入增长时，都需要充分考虑上述因素。例如，作为一家零售企业，成功经营的秘诀之一，就是将正确定价的正确产品摆在自己的门店里。但是，如果这些门店里灯光昏暗、乱七八糟，店员全都是一副不想工作的样子，根本懒得搭理客户，那么，所有理性判断都会变得毫无意义。

洞察力和分析

这些内容与企业向以数据为中心转型又有什么关系呢？

了解客户与企业之间的复杂关系，就等于开辟了一个全新的数据缝隙，让我们得以进行数据的挖掘、测量和分析。如果客户对品牌的看法能够对企业的成败产生如此之大的影响，作为企业高层领导的你就应该去了解客户的态度。

相关研究方法不胜枚举，其中关于利弊的分析，完全可以写出一本书。我们这里长话短说，简单总结一下，企业获取有用客户态度数据的主要方法。

（1）客户满意度调查。几十年来，品牌一直在通过各种形式，调查客户对于当天的服务有多满意，并记录客户的反馈。这是形成客户满意度数据的一种简单方式，但并非没有争议。其争论的焦点在于，这个调查应该在什么时间点进行以及如何进行。因为，有大量证据表明，不同的调查时间和不同的调查方式，都会导致截然不同的调查结果。而且，也有不少人对此类调查结果的实际意义提出质疑：客户真的诚实而公正地反馈了自己的看法吗？抑或只是出于礼貌，随便给出了十分中的七八分？

（2）**净推荐值**（net promoter score，NPS）。为了获得更有价值、更真实的客户观点，一系列的衡量指标应运而生。其中，净推荐值涉及一个略显尖锐的调查问题。这项指标关注的并非客户的满意程度，而是客户是否会向自己的朋友推荐该品牌。它剔除了那些作为礼貌性回应的七分和八分，将九分和十分视为支持者（advocacy），将一分到六分视为反对者（detractors）。净推荐值的得分计算也很简单，就是用支持者的百分比减去反对者的百分比，从而得到一个范围在 -100% 到 +100% 之间的比例。创造一个更有意义的指标，这种做法的初衷是值得肯定的。而且，净推荐值的确也被许多企业所采纳。但是，该指标仍然存在着一定争议。而且，其形成过程也可能被操控。很多客户都曾有过这样的经历，导购人员或服务工程师会反复强调九分和十分的重要性，并直接告知客户，“评分会影响其个人收入”。所以，作为一种衡量指标，净推荐值非常容易受到影响，稍微改变一下问询方式或调查时间，评分结果就会发生很大改变。

（3）其他的衡量方法还有很多，除了调查整体满意度，还可以向客户提出具体问题。例如：你找到今天想买的东西了吗？

古德哈特定律

归根结底，任何试图衡量客户真实想法的指标，都是不完美的。就算是净推荐值这种被精心设计出来的指标，依然逃不过**古德哈特定律**（Goodhart’s law）。

古德哈特定律是指，当一项指标变成了一个目标时，它就不再是一个好指标了。以净推荐值为例，我们都看到了，销售团队已经将这项指标转变成为了目标，并开始有意诱导客户评分了。他们向客户提前强调了该问卷的重要性，并人为挑选参与调查的对象和一天当中进行调查的时间点。类似的操控行为已经成为常态。

尽管这些衡量客户态度的指标数据本身就存在着操控行为，也很容易受到影响，但对于你的企业而言，它们依然是真实而有价值的数据源。

参考数据的前后一致性，可以从一定程度上缓解数据容易波动的问题。你可以在销售过程中，在规定的时间点，以规定的方式向客户提出规定问题。这样一来，你至少可以剔除因不同的调查方法而引起的数据改变。

人为操控的问题会更加难以处理，如果能够避免将该指标大张旗鼓地作为目标的话，应该会所有缓解。例如，如果你会定期调查在某家门店消费的客户的净推荐值，那么，比较推荐的做法是，不要将“上周的净推荐值”直接作为门店的奖励依据。这样做更有利于减少人为操控，从而获得更可靠的数据。

为什么要调查客户满意度?

为什么要调查客户满意度？这么问并不代表衡量客户满意度不能获得什么直接好处。这和一张会员卡有可能改变部分客户的购买行为一样，一家预先知道将调查客户满意度的门店，也可能更愿意为了提升满意度评分而采取更多的积极措施。

我曾经在一家企业中做过净推荐值调查，结果，不同地区的分店开始相互指责，称对方在调查净推荐值时，采取了一系列操控行动。而最终的结果证明，企业值得花钱做这次调查，因为企业不仅获得了数据流，而且还在机构内部掀起了关于客户满意度及其背后动因的讨论。讨论的过程给企业带来的价值，远比分店在背地里做的小动作更为重要。

这本书读到现在，我们心里应该明白，除了这些直接好处之外，调查客户满意度的真正原因在于收集极具价值的数据。这是打造以数据为中心企业的重要组成部分。在会员卡的案例中，我们已经了解到，推出客户忠诚度计划的主要原因并不是为了提高客户的忠诚度，而是为了让企业有机会收集客户数据。

而在这里，满意度调查的间接好处同样超过了直接好处。通过积极开展的客户满意度调查，我们收集到的数据为企业创造了巨大价值。

那么，当我们将客户满意度数据导入企业的数据库时，会产生怎样的价值呢？其实，我们在第一部分中讨论的所有建模技巧，不仅可用于分析满意度数据本身，还可用于分析满意度数据与其他业务数据之间的关联和关系上，例如以下几点。

（1）门店的库存周转速度与净推荐值之间有关系吗？

（2）消费频率更高或忠实度更高的客户是否打出了更高的满意度评分？满意度是否提高了客户的购买频率？我们能否得出此类相关的结论？

（3）企业出售的某些产品或提供的某些服务，是否得到了更高或更低的满意度评分？如果是，企业能够采取什么相应措施？

（4）在企业的服务中，哪些方面真正推动了客户满意度或推荐值的提高？

通过对几家企业的观察，我发现了一个令人惊讶的结果：对满意度影响最大的因素居然是，客户进店时是否受到了店员的热情迎接。在整个购物过程中，进门是最关键的一环，也是给客户留下好印象，令客户感到满意的第一步。事实证明，客户在回访沟通（也有人称其为焦点小组访谈）中常常提到的一些细节，例如商品的性价比如何、商品摆放位置是否易于找到等，最后都不如热情的第一印象重要。

当然，在使用客户满意度数据时，也需要注意一些事项。比如，我们在第一部分中提到的统计显著性，同样也适用于满意度数据。与处理其他类型数据时一样，我们也要对满意度中的平均值保持警惕，要深入了解其背后的细节信息——在满分 10 分的情况下，如果有 90% 的客户都给你打了 9 分，你就有了庆祝的理由；而如果剩下 10% 的客户都只打了 1 分，那么别说庆祝了，估计你离倒闭的那天也不远了。

重新审视幸存者偏差

关于客户满意度的数据，还有一个需要特别注意的地方：当我们衡量某项数据时，必须对我们使用的样本多加留意。为什么提到要多留意样本？举个例子来说明。假如我告诉你，服用某种重症药物的病人 100% 都活了下来，想必你会很高兴。但是，如果我继续告诉你，调查对象只包括那些能活着填表的病人时，你一定会发现，这个研究方法存在一个明显的漏洞：任何在服用药物后死亡的病人，都已经被排除在我的研究之外。这意味着，该项研究的结果是不需要调查的。

这就是我们在本书第一部分所探讨的幸存者偏差。虽然这种做法听上去很愚蠢，但是在你的公司中，也许类似的事情其实已经做了几十遍了。毕竟，我们所提到的那些客户满意度或净推荐值数据，全都是建立在那些已经在你店里购物过的客户身上的，那些没有在你店里购物的客户并没有包含在样本之内。但这不是说你的调查结果没有价值，只是告诉你在解释这些数据时你必须谨慎。

举例而言，一家航空公司公布了一项调查数据，称乘坐了该航空公司某条美国航线的乘客中，有 84% 的人对该航空公司的服务表示满意。这听起来非常棒。可是，在调查结果下面还印了一行小字，指出该调查是在航空公司的航班上进行的。也就是说，选择乘坐其他航空公司飞机的乘客，根本就没有参与该项调查。得知实情之后，我们可以看到，这个听上去非常不错的故事，实际上是在暗示，在该航班上，有 16% 的人宁愿他们乘坐的是其他航空公司的航班。显然，这并不是什么好消息。

此外，关于 84% 的满意度，其真实性究竟如何？是不是因为所有其他不满意的乘客都选择了其他的航空公司，才导致了你的满意度评分这样高呢？

市场占有率的作用

在谈到幸存者偏差时，我们联想到了那些从未在我们店里购物的客户。这就引出了另一类重要数据——为企业向以数据为中心转型带来的宝贵外部数据库，这类数据就是市场占有率。

作为企业的一项关键绩效指标（KPI），市场占有率具有鼓舞人心的作用。且在外贸谈判中重点强调包括市场占有率和市场规模等外部 KPI 数据的企业，会更加主动地探讨未来将采取的积极措施。

对于哪些市场措施会奏效，哪些不会，他们的看法也更为系统、全面。

作为一种高级别 KPI 数据，市场占有率数据在企业的整体战略上具有重要意义。但是，它未必能改变企业以数据为中心的发展现状。你可以通过建模，将其他数据与市场占有率联系起来，例如产品可得性、平均排队时间或净推荐值对占有率提高的影响等。不过，模型的用处也只能到此为止。

当你在剖析市场占有率这一 KPI 数据背后的细节信息时，市场占有率迷人的深层次内涵才能得以全部展现，例如产品类型、市场所在地区，甚至具体到每一家店铺、餐厅或其他地区的市场等。那么，你能否以这些要素为标准，对市场占有率进行剖析呢？根据市场情况，企业的剖析能力可能会相差很大。在某些行业，通过行业协会或贸易促进会，就可以了解到大量的本地市场信息，而在其他行业，想获取这些信息则非常困难。不过，无论你能获取什么信息，都可以通过下列两种途径发挥其作用。

（1）将数据作为一种激励工具。我认识一家零售商，在一年之中，他对自己和竞争对手在全国各地的门店开展了多次市场调研，得到了市场占有率和净推荐值等数据。这意味着，该零售商可以向所有门店展示其各自的排名位置，这个排名不是根据一些通用的市场竞争指标进行的，而是和那些在同一条商业街上开店的竞争对手一起排的。事实证明，这种排名对于店铺而言，是一种莫大的激励。

（2）在我们的数据之旅中，外部信息越细化，我们建立的模型就越有趣。如果你在不同城市，产品的市场占有率不尽相同，那么，产生区别的原因是什么呢？根据一般零售经验，这种差异会被归结为店铺位置的差异。“他们店铺的地段比我们的更好。”可事实果真如此吗？如果对每个城市都进行分析，原因难道不是在于，他们的库存产品质量更好、营业时段更合理、服务细节更到位吗？数据会告诉你答案。可我们需要明白，这些答案或许可以改变企业产品在某个城市的经营状况，但却未必能从根本上改变企业的整体经营策略。

用本章讨论的方式获取企业外部数据，无疑是对你已掌握的各种内部数据源的有益补充。此外，这种做法本身就是一种变革，有可能转变整个企业的思维方式，从只关注自身流程和产品，到关注外部客户和本地竞争对手。此外，它还可能产生新的数据模型和分析方法，让你不再只单纯地关注自身业务优化，而是根据你所掌握的市场情况，改变企业的整体战略。

在本书第二部分，我们探讨了不同类型的数据及其相关模型，以及获取这些数据的方式和这些数据对企业带来的影响。现在，我们已经清楚，如果可以有效使用第一部分讨论的分析技巧，并利用第二部分讨论的各类数据，那么，我们就能够在企业推行彻底变革。

而我们的挑战在于，如何让这一切变成现实。你的企业并不是第一个发现数据潜力的企业，有许多发现数据潜力的企业并没有充分利用好数据。企业的高层领导们聘请了一些分析师或外部顾问，建立了数据模型，甚至启动了客户忠诚度计划。可最终，他们却依然在怀疑这样做是否值得。英国一家大型零售商的CEO就曾问过我一个很多管理者都问过的问题："我们在技术和数据库方面投入了数百万英镑，费尽力气地整合了统一的客户数据，也雇用了新员工，但我并不认为，这对我们的收入或利润产生了积极影响。我们到底哪里做错了？"

所以，在本书第三部分，我们将分析他们在哪里做错了，并讨论在向以数据为中心转型的过程中，企业面临的复杂而棘手的领导力问题。

第三部分

打造以数据为中心的企业

本书第三部分，我们将注意力转向如何打造以数据为中心的企业，重点讨论在转型过程中出现的领导力问题。截至目前，我们研究了可能为企业带来价值的数据分析技巧，以及我们可以用来进行分析的数据类型。然而，为了让我们的企业实现转型，最大限度地利用数据分析为企业创造价值，我们还需要采取哪些关键步骤呢？

无论企业进行哪一种转型，都会面临企业文化、人员技术和态度、合作伙伴以及转型项目落地方式等各种问题。这些问题的解决可以利用数据分析的结果；反过来，这些分析结果也推动了企业的业务发展。

在接下来的几章，我们将依次探讨上述问题。首先，我们将研究企业中存在的文化障碍问题。这些障碍会导致数据分析项目无法充分发挥其潜力。其次，我们将聚焦企业的关键领导和数据专家之间的沟通问题，探讨如何摆正关系，实现对话。再次，我们将讨论企业究竟应该自力更生地培养数据分析能力，还是花钱将数据分析工作外包出去。最后，我们将探讨管理层的转变过程。

✦ *chapter 13* ✦

第十三章

文化冲突与数据孤岛

本章将开始探讨，为何许多企业都未能从数据分析中获得他们想要的回报。其中的大部分原因都源自领导团队的管理文化问题。

截至目前，本书已经充分阐释了数据的力量，以及数据能为企业带来的各种利益和价值，并探讨了身为企业高层领导的你已经掌握或能够获取的数据，以及将这些数据转化为巨大商机的相关分析技巧。

这些机遇可能是以全新的方式销售产品，通过赋予成本效益的手段吸引新客户，或者是维护好现有的最具价值客户等。此外，企业可以借这些机遇提高管理效率，释放当前被滞销库存积压的资金，并确定哪些商品应该添加到你的产品清单中（或从其中删除）。

如果你在阅读了本书的案例分析之后，已经对向以数据为中心转型蠢蠢欲动，那么，你的面前只剩下最后一个问题：如何做到这一点？

毕竟，根据上一章的结论，我们可以看出，想做到这一点并不容易。如果你与其他企业的同行已经探讨过这个话题，你或许更能体会其中的艰难。管理团队虽然批了项目，拨了经费，聘了人才，但最终却仍然觉得，他们只是花钱赶了某种时髦而已。在数据建设方面，企业的创新举措被媒体争相报道，企业的管理层也受邀参加了许多关于这一话题的会议。可是到头来，数据真的给企业带来改变了吗？

如果我们足够坦诚，就必须承认，答案可能是“没有改变”。

所以，在开始讨论打造以数据为中心的企业时，我们不妨先聊聊为什么有的企业不会选择这样做。

案例分析：这一切值得吗？

让我们先来看一个失败的案例。一家英国大型零售商，在全国各地有数百家分店，还有功能完备、堪称一流的购物网站。在过去，它曾一度推出过会员计划，吸引了大量的会员客户加入。目前，在该店的大部分线上和线下销售中，这些会员卡仍在被广泛使用。

不过，企业的董事会自然知道，这完全不是以数据为中心的企业应该有的样子，还有相当多的机会没有被开发利用起来。对此，他们做出了一些貌似完全合理的投资决策。

他们意识到，自家的会员计划原本是为了刺激消费而设计的，或者更坦率地讲，是因为所有竞争对手都推出了会员卡，他们才跟风这样做的。且其会员卡并没有帮助企业收集到客户数据。因此，董事会决定采取更加灵活的技术手段，对会员卡平台进行改造。

事实上，他们已经掌握了客户的其他大量数据，而会员卡仅增加了其中一部分销售数据。因此，他们必须对原有数据和销售数据进行整合，形成我们在第一部分提到的统一的客户数据库。

然而，即便他们建立了统一的客户数据库，也缺乏很好的技术来对其中的数据进行分析。因此，他们设计了两种图形系统来解决这个问题。其中一个图形系统设计得相对简单，旨在让不懂技术的人也能够看懂数据（稍后会对此展开讨论），而另一个系统则设计得更为复杂一些，是专门为数据专家准备的。

最后，由于企业没有相关分析人才，所以他们决定外聘一名数据专家。

事情发展到这里，并没有产生任务偏差。可是，为什么企业为数据库建设投资了数百万英镑，而其CEO却会在两年之后，向我抱怨没有看到任何回报呢？

没有回报的项目，是失败的项目。这个项目之所以会失败，存在着什么原因？在第三部分，我们将对其一一探讨，其内容具体包括：

（1）缺乏项目纪律。也就是说，这个统一的客户数据库实际上并未包括与客户相关的全部数据。而令人感到讽刺的是，未被纳入数据库的，居然也包括统一数据库项目（包括会员卡平台的改造）建成之后通过审批的一些新项目。这样做的目的显然是为了节约新项目的成本，但是，这种做法同样也导致了，可用于各类模型分析的客户数据依然没有归集到统一的数据库当中。

（2）对数据转化为价值的技术要求认识不到位。企业认真考虑了招聘数据专家还是使用外部顾问的问题（在第十五章中，我们将探讨自力更生地培养数据分析能力或花钱外包的问题），最后决定为自己招聘人才。这个决策本身并没有问题。但是，他们只招聘了一名数据专家，全权负责数据建设工作。很快，这名外聘的数据专家就被各种各样的要求所淹没，只得优先去处理最紧急的任务，而这个最紧急的任务就是财务部门的基本报告数据。结果，数据工作成了企业其他部门的业务瓶颈。

（3）整个企业上下都存在数据意识薄弱、对数据工作投入不到位的情况。举例而言，市场营销团队在检验宣传推广效果时，几乎从未更新过对照组的营销情况及相关数据。结果导致，在投资了数据库项目之后，董事会所提出的关于市场营销是否有效的问题，依然无法得到答案。

这家企业向以数据为中心的转型之所以会失败，原因有很多，但其中有一个最根本的错误。时至今日，仍有许多企业也犯了或将要犯同样的错误。那就是，将数据库建设当成一种潮流，而没有将其作为一项关键工作来抓。

让我们来稍微深入探讨一下。建立数据库显然是一项大型项目，需要很多预算，董事会也有充分理由予以通过。那么，那些本来可能并应该从数据分析中受益的各个部门，又是如何一步步将该项目搁置在一旁的呢？

恐惧心理作祟

我们已经讨论过许多数学和技术问题，而这个问题的答案，与人性息息相关。在企业向以数据为中心转型的过程中，最大的障碍来自于人们内心的恐惧。

试想一下，在与上述案例相似的大型企业当中，一名高级采购员或采购主管的实际处境是什么样的。他们在职场中打拼多年，职位越来越高，现在，已经在企业进行关键决策时拥有了自己的一票。事实上，负责主要产品采购的主管，已经相当于企业高管团队中的重要人物了。

这些采购主管是凭什么进入高管团队的呢？大概是因为他们够努力、有才华、有天赋，也有运气。在各种优秀品质与其他因素的共同作用下，他们成为了企业的高管，受人尊重，拥有话语权和丰厚报酬。

而现在，情况完全变了。忽然之间，整个行业都开始讨论数字化市场平台、数据引导决策等问题，还常常会听到一些深奥的术语，如本书前文提到的“机器学习”和“人工智能”等。这些高管很可能会感到无所适从，不像其他团队成员那般容易适应新潮流。年轻员工的成长环境可能已经充斥着各类数字平台与产品，虽然他们不具备高管们的产品嗅觉和领导经验，但他们更加熟悉数据分析，也更善于处理各类电子表格。

当高管们意识到，他们所擅长的工作正在发生改变，而企业取得成功所需的技能也在发生改变时，当然会感到恐惧。作为企业领导，我们任何时候都不应该忽视，转型带来的恐惧感有可能影响企业的稳定发展。企业领导们会想：如果现在的新技能比我毕生所学的技能更有价值，那它会不会影响到我的工作、地位和权力呢？

而极具讽刺意味的是，那些害怕企业发生转型的高管们，也是企业中最有权力和影响力的人物。

对“行之有效”的否定和吸引

本章首先要讨论的，就是否定（denial）。我们可以想象，老领导或高管们口中的“那些数字根本无法与经验相提并论”或“我们要注意不要丢掉多年来积累的成功经验”之类的话。企业的高管（包括你在内）或许很有城府，不会将这样的话大声讲出来，可是这并不代表他们的内心没有这样的想法。

高管们全都不约而同、心照不宣地否定数据转型，主要因为有两个误区，此小节我们先讨论第一个误区，第二个误区将在下一小节展开。

否定转型的第一个误区是他们对决策的影响。企业该不该投资客户数据库或前文提到的以数据为导向的其他项目？企业高管们的心态可能是这样的：我们或许应该先把这些放一放，去处理那些更紧迫、优先级别更高的工作；我们还有多家新店要开业，我们的物流基础设施还需要升级；所有新事物看起来都充满不确定性和风险，更何况，其潜在收益并不高；我们最好还是先去忙重要的事情。

“总有更紧急的工作比这些时髦的数据转型更重要。”这种说法有时也不无道理。高管们的顾虑在一定程度上的确是事实。零售消费企业要做大，主要依靠卓越的运营能力。其核心竞争力在于，将大量不同产品的采购、分销和零售等极其复杂的任务安排成一系列可操作性流程，日复一日，在全国各地的门店周而复始地运作。而那些将目光从基本运作能力转向追逐数字潮流的零售商中，失败的也的确不在少数。

可综合看来，这种想法犯了一个致命错误。因为只有在一种情况下，这套运作流程才是企业的重中之重。这种情况就是，过去奏效的做法在未来依然行之有效。但是，正如我们在前文中提到的，消费企业所处的环境已经发生了天翻地覆的变化。如今，客户可以在数字平台和社交媒体上购物和消费，这种方式是前所未有的。而新兴的创业公司已经做好了准备，凭借数据优势打入市场，尤其是在老牌企业还没来得及向以数据为中心转型时。

而我们已经成功地越过了这第一个障碍。开始加大对数据建设的投入，并认为向以数据为中心转型势在必行。在推进数据转型时，有些高管会出于恐惧而选择发展其他威胁性更小的业务，而此时，如果企业有一个态度积极的控股股东，对企业向以数据为中心转型是有助力的。

数据孤岛和电邮工厂

企业通过了转型决策是好事，可有的企业却又一头扎进了否定转型的第二个误区之中——面对数据项目的兴起、企业能力的欠缺以及管理者心中对转型影响的恐惧，管理团队干脆将数据项目局限在一个小范围中，不予重视。

在企业中，用来局限数据转型项目的地方被称为孤岛（silo）。通常，高管们最喜欢用来安排数据项目的“孤岛”是市场部。

毕竟，在大多数情况下，数据归集都是通过市场部的会员卡、手机 APP 完成的。而且，在越来越多的消费企业中，产生丰富数据的电商业务也都被安排在市场部。

市场部不仅产生了大量客户数据，而且本身也是数据的主要使用者之一。数据模型的首要任务，当然就是分析企业应该与哪些客户进行沟通，就连品牌定位等更加宽泛的问题，也可以根据客户数据来寻找线索。

鉴于上述原因，将市场部作为企业数据转型的起点，是个不错的主意。但需要注意的是，这会导致企业的其他部门很容易忽视数据与自身业务的联系，进而使得数据转型只给市场部带来了变化，而未能影响企业全局。案例中的企业就属于这种情况。

案例中的企业在谈数据分析时，提到了“电邮工厂”这个词。它们将企业聘用的数据专家和其他参与数据处理和管理的人员统称为

“电邮工厂”（email factory）。毕竟，他们的确是干这个的。他们的任务就是通过数据分析，确定下周的广告电邮应该发给哪些客户。

这种叫法完全没有贬低的意思。每当企业的其他同事谈到“电邮工厂”时，都对其工作赞赏有加。事实上，如果一个品类的买手或采购主管打算大力推广某款产品，就会跟“电邮工厂”沟通，请这一部门的同事来完成广告推送任务，而这些数据专家和数据处理人员所能带来的便利远不止于此，这个称呼虽不具有贬义色彩，但却表现了大家对这部分工作的理解范围，非常狭隘。

这也进一步说明了虽然数据分析理应影响更多部门，但实际上，却仅仅影响了市场部的原因。采购主管可能只是将数据作为市场部门发出更多产品推广邮件的依据，而并不会去考虑，相同的数据也可以被用来判断他们自己应该先采购哪些产品。

同样地，企业的其他部门似乎也没有受到数据的影响。不论是门店的设计和连锁方式，还是应该开哪些分店，全都没有参考客户数据的分析结果。

摆脱否定的 6 种途径

因此，在企业向以数据为中心转型的过程中，我们遇到的第一个障碍，就是来自于管理层对数据转型的否定。其真正风险在于，如果领导团队（自觉或不自觉地）认为自身受到了环境改变带来的挑战，就可能会因此而否定企业转型，就算在被迫进行转型时，也会将项目限制在某个部门的范围之内，将变化所带来的影响降至最低。

如果身为企业高层领导的你在企业中强制推行数据转型，但又觉得效果不如预想，有可能就是遇到了这种问题。

那么，在推进数据转型的道路上，我们该如何避免这种情况？或者，如果已经出现了这种情况，我们又该如何处理呢？我们可以考虑下列6种途径。

（1）开诚布公地讨论对转型的顾虑。在团队中讨论数据转型的重要意义，允许团队成员表达关于转型对个人影响的担心。打造阳光的企业文化，让否定转型的障碍无法立足。通过认真讨论，给自己和同事吐露心声的机会，应对暗地里的消极抵抗。

（2）开启共同学习之旅。邀请演讲者和顾问来企业做讲座，介绍业内其他公司推行数据转型的成功案例。在团队中，如果有人试图将数据工作描述为火箭科学那种只能由专家完成的高深事业，应对其敬而远之，只邀请志同道合的人加入团队。

（3）将学习过程落实到个人。例如，安排年轻员工为高管团队进行科普。曾经有一家零售商，为每一位董事安排了一个年轻员工，详细介绍社交媒体的作用。这些年轻人全部来自企业的各家门店。年长的、身居高位的管理者可以通过这种有趣而又得体的方式，向年轻人学习，了解社交媒体到底是做什么的，人们是如何在社交平台上购物的。在数据分析领域，同样存在着新老搭配的合作机会。高管们可以与机构内具备数据分析能力的年轻人通力合作，揭开新事物的神秘面纱。

（4）在考虑数据转型工作的组织机构问题时（下一章将进行详细探讨），一定要避免形成数据“孤岛”和“电邮工厂”。在关于数据分析的组织设置和管理对话中，一定要从全局出发，确保数据转型给整个企业带来全部的潜在好处，而不是只令市场部受益。

（5）认真考虑企业各部门的职责。由谁牵头并负责数据转型计划？为了确保其他部门认真参与该计划，不将其视作“别人的问题”，各部门和岗位的职责应该如何调整？可否在每个部门中指定数据工作联络人，配合核心团队完成转型工作？

（6）当然，企业里那些试图否定转型的高管有时候很难打交道，他们自始至终都不能接受这种全新的经营方式。团队中没有人愿意丢下团队伙伴。但是，企业也应当注意，不要让“凡事向后看”或出于恐惧而否定转型的高管拖累了企业的发展。纵容董事会的大人物主导数据转型讨论，坚持过去做法而排斥任何转型做法，已经让不少消费企业都吃了大亏。

要实现向以数据为中心的转型，除了上述重要步骤之外，还有一个重要领域需要讨论，那就是：如何让高管以便捷的方式接触并熟悉这些数据？

桌面数据工具的用途

通常情况下，企业内部推广的一些数据视图工具（在建立了统一客户数据库之后），也是对数据转型进行投资的一部分。用户虽然不是数据专家，但也可以通过此类工具了解数据。比如，不同地区的客户是否在购买不同类型的产品？或是选择一天中的不同时段进行购物？某一种类型的零售店是否比其他类型的业绩更好？将各家门店一段时期内的数据绘制成图表之后，是否体现出了业绩差距？

从本质上讲，这些工具都是通过图形的方式研究数据，使用者在经过了简单培训之后，就能够使用这些工具。它们本身就是为真正的经营者设计的，而不是为数据专家设计的。

针对推广此类视图工具的情况，我还有一些不同的想法。我认为查看图表和分析数据，其实并不是一回事。我曾见过不止一家企业简单地认为，建立了统一的客户数据库，生成了这类视图工具，就算完成了数据转型，就无须再做其他努力了。可事实并非如此。管理团队如果对此类视图工具使用得当，向数据分析团队提出的问题会变得更多而不是更少。

提问题其实是一件好事。如果高管团队更加熟悉企业数据，就会提出更多的问题，这对企业文化发展是有益的，那么视图工具也将成为一项非常明智的投资。

结论

本章探讨的是，在向以数据为中心的转型过程中，尤其是在心照不宣地否定转型的问题上，高管团队所起的作用。不光是企业中的其他领导，包括我们自己，都必须承认这一点。高管团队对此达成明确共识，才更有可能带领企业实现成功转型。

在第三部分，我们还会再次遇到这种出于人性的恐惧和否定转型的问题。前文提到过，企业高管团队出于恐惧而否定转型将带来两种可能的误区。在后面的章节中，我们将继续讨论，由于高管对转型所保持的不确定性产生的另一问题：如果企业的高层领导只能将数据转型局限于诸如“电邮工厂”这样的“孤岛”上，那就只能将其整体外包出去。这就引出了企业在面临数据转型时，是自力更生还是花钱外包的两难问题。

不过，在此之前，我们需要先开发出一套共同的语言，来描述端到端（end-to-end）数据转型流程，为后面的讨论打下基础。而后，再探讨我们应该如何让整个企业都参与到转型之中。

✦ *chapter 14* ✦

第十四章
数据转型的核心流程

本章我们将了解打造以数据为中心企业的核心流程，并探讨如何在我们自己的企业中实施数据转型。

要进入数据分析这种专业领域，身为企业高层领导的你显然需要数据专家的帮助。前文中讨论的许多模型和分析技术属于比较简单的，而我们在实际中所用到的数据分析模型往往更复杂，技术要求也更高。但即便是相对简单的分析技术，也需要提前做好划分数据集等准备；而在解读结果时，就更加需要有数据分析能力与经验的人了。

PPDAC 分析周期

企业需要在开始建立模型之前，就以正确的格式准备好正确的数据，并对模型输出的结果进行正确解读。这说明，数据转型除了善于搭建如神经网络般精巧的模型之外，还有许多分析工作要做。要想顺利推进企业的数据转型，避免数据分析过度偏向数学分析，我们可以采用 PPDAC 分析周期（PPDAC cycle）。这种分析框架经常应用于与数据分析或数学元素相关的项目中。你可能已经猜到了，它其实是由以下 5 个英文单词首字母组成的缩写词。

问题（problem）是指要搞清楚问题是什么。这是通过数据分析解决问题的第一步，至关重要。在本书第一部分，我们提到了向数据团队提出问题的多种方法。你可以回顾企业不同部门的工作，从已掌握（或能够收集到）的数据类型中寻找灵感，提出有意思的问题，并通过数据分析予以解决。

不论你如何提出问题，都需要仔细思考，确保通过数据分析，可以解决这些问题。比如，你打算用哪种具体标准进行衡量？你如何得知，所建的模型有没有解决你提的问题？稍后，我们会针对如何正确提出问题展开讨论。

计划（plan）是指接下来由企业的数据专家牵头主导的规划阶段。你该如何分步解决第一阶段提出的问题？我们可以利用哪些分析技巧得出有用的回答？另外，为了企业顺利开展数据转型，我们需要提前做好哪些准备工作？如果有的话，这些计划或许比你想象的更难完成，因为在分析数据时，不同的分析技巧可能或多或少地都适合，而每种分析方式，都需要我们提前做好相应的数据准备。

数据（data）显然是下一个需要考虑的内容。为了执行我们的计划，我们需要哪些数据？我们掌握了这些数据吗？或者，我们是否需要去收集这些数据？这些数据是否需要某种提炼或加工？即便我们准备好了所有数据，例如用于检查服务水平和还款违约之间关系的客户投诉数据库和坏账数据库，各个数据源之间是否实现了无缝衔接？抑或还需要我们进行数据匹配的相关工作？数据往往需要通过整理才能发挥更大作用。

分析（analysis）这个阶段，我们在前文中已经讨论过了。它涉及你所使用的分析技巧和通过技巧分析得出的结果。为了检查我们的分析结果，我们应该保留什么样的对照组？我们所使用的样本的统计显著性如何？分析结果是一个真正的结论还是带有随机性的？

结论（conclusion）是最后的一个阶段。我们所提问题的答案是什么？结论是否清晰可靠？统计数据是否全面？该结论对于我们的企业具有什么样的意义？

我们将 PPDAC 描述为一个分析周期，事实上也确实如此。在许多数据分析实践中，我们可能会在提出问题时就遇到困难。但在通过分析得出结论的整个过程中，我们可以不断对问题进行调整，再使用其他分析技术继续分析。经过这样的多轮分析之后，我们就可以得到想要的结论，并将结论运用于企业的经营发展之中。

提出正确的问题

从表面上看，提出问题似乎并不难。例如，谁是我们最具价值的客户？为什么有些客户会买某一款特定商品？哪些客户最有可能对邮件推广的营销活动做出回应？

可事实上，提出一个既对企业具有价值，又可以通过分析技巧得出结论的问题，并不像我们想象的那么容易。不妨就以前文“哪些客户最有可能对邮件推广的营销活动做出回应”这个问题为例，看看企业在推广一款新产品时，应该如何分析这个问题。

在企业的客户中，可能有一部分人已经倾向于购买这款新品了。有些客户热衷于尝试新鲜事物，每逢新产品面世，他们总会第一个排队购买；又或者，该款新品可以解决某一部分客户群所面临的实际问题。例如，某家服装企业推出了全新的娇小身材系列服装（以下称“娇小系列”）。而恰好有些客户，正在一直寻找合身的衣服，所以都争相购买该品牌推出的该系列产品。

当你想到这一点时，“哪些客户最有可能对邮件推广的营销活动做出回应”的答案，显然就是那些翘首以盼这款产品的客户了。

不过，这一认识也让企业发现，自己其实提错了问题。因为，无论这部分客户是否收到了企业的营销邮件，他们当中的许多人都一定会购买企业的新产品。他们或许是从其他渠道得知了这个系列的新品，又或者是在逛街时碰巧发现的。这些无论如何都会购买这款新品的人，向他们进行推销，其实并没有什么意义，尤其是当推销需要付出成本时，也就是企业通过提供优惠券或新品优惠来进行营销推广时，更是如此。

更好的问法应该是：“与不进行营销推广相比，哪部分客户在收到营销邮件之后，购买娇小系列新品的新增比例最高？”企业可以根据客户的购买意愿，画一条坐标轴，每个客户在坐标轴上都有自己的位置。坐标轴的一端代表着购买意愿最大的客户，无论你是否向他们进行营销推广，他们都照样会买。而另一端则代表着无论如何营销，都对新品不感兴趣的客户，向他们进行营销推广，同样也是没有意义的，因为他们根本不会对营销做出回应。

而处于坐标轴中段的客户，则是最有可能因为你的营销推广，或因为给他们提供了方便的购买链接，而转而决定购买的客户。他们当然是邮件营销活动的重点对象。因此，对于企业而言，需要问的并不是谁会购买产品，而是谁最有可能因为你的营销而越来越想购买这款新品。

这是一个更具体也更复杂的问题。但是，这个问题与企业的经营业绩息息相关。因此，企业也更有可能通过 PPDAC 分析周期，得到有用的答案。

成本效益分析和 PPDAC 分析周期

成本效益是个棘手的问题。它听上去有点熟悉，因为我们在前文中曾提到过一些与之相关的内容。在第一部分，我们讨论了提升曲线，也提到了对客户行为意愿进行排名的预测模型。这意味着，我们最终整体营销的成本效益取决于我们目标客户群体的范围有多大。

如果我们仅以少数最有购买意愿的客户作为营销目标，那么，我们绝大多数时候都在向正确的目标客户营销，我们取得的业绩提升也会非常大。但显而易见的是，我们最终获得的目标客户数量会小于上述的理想状态。如果我们以较多的客户群体作为营销目标，那么我们的营销力度会加大，而我们预测模型的准确率也会不可避免地降低。

综上所述，归根结底，我们要对模型结果的成本效益树立一个正确的认识。在针对 PPDAC 分析周期提问时，这一点尤为重要。我们没有必要去建立一个只针对很小一部分客户的、非常准确的预测模型。正如本章所讨论的，我们没有必要去为了那些无论如何都会购买的客户而专门建立一个预测模型。

要想建立具有成本效益的正确分析模型，必须先分析你希望解决的业务问题属于哪种类型。以我们的电邮营销活动为例，在某些情况下，公式的成本一端是相对容易计算的（营销本身的成本和所有优惠券或折扣的成本预测），但是效益一端的计算就复杂多了。最关键的是，我们需要去掉那些在不发送营销邮件的情况下依然会产生的销售量。

在减少客户流失或预测坏账行为等其他模型中，效益一端或许更容易计算，主要表现为减少的流失客户人数、大额坏账和欺诈行为等，但是其难点在于“假阳性”（false positives）问题。你作为企业一方，为了减少客户流失而投入的成本，可能用在了那些根本不会流失的客户身上；又或者，预测模型认为有可能违约的人，其实是很好的优质客户。

无论具体属于哪种情况，都需要我们通过业务常识加以判断，全面考虑成本效益公式中的所有因素。在进行 PPDAC 分析的过程中，很重要的一点是，我们应该设计合理的流程来衡量结果的正确性。这正是为什么我们要反复重申，应该在实验中严格保留对照组的原因所在。有太多的企业都在不知不觉之间浪费了成百上千万英镑的资金。他们执行的项目貌似是有回报的，可实际上，他们只是在那些无论如何都会发生购买行为的客户身上浪费了时间和金钱。

在开始和结束 PPDAC 分析周期时，作为企业的领导团队，应该全力投入到将数据转化为企业价值的过程中，确保在向分析师提出具体问题之前，先对真实的成本效益进行测算；在判断分析结果是否真的值得采取行动时，同样应提前进行评估。

正如第一部分移动公司建立的客户流失模型所示，我们完全有可能建立一个很好的客户行为预测模型，但是由于其结果存在“假阳性”的问题，即使你在目标客户身上投入了维护成本，也依然无法为企业创造价值。

优秀的数据专家也应该深度参与到这些关键阶段中，帮助企业提出有价值的问题，并通过分析得出有用的答案。应该安排专家来回答“谁最有可能对营销邮件做出反应”等问题，因为他们有能力将问题重新表述为“谁有可能真正为企业带来增值”，正如我们在本章探讨的那样。

不过，这其中存在着另一个真实的风险：如果你的数据团队对该企业的业务不甚了解，而业务人员对 PPDAC 分析过程的参与程度又不够深，那么，你很有可能会因为走弯路而再次浪费资金。如果该企业首先提出的业务问题就是有缺陷的（比如，我该把营销邮件发给谁），而数据团队对任务照单全收，并按照字面理解提供了字面答案，那么，你就真的可能会得到一个无用的模型，或是被预测结果引向完全错误的方向。

分析与观察之间的关键相互作用

在进行 PPDAC 分析的过程中，务必结合企业的业务实践经验。这需要领导团队在提出问题阶段之后，持续参与后续分析工作。不过，你还要考虑另一个重要的输入来源，在许多以数据为中心的企业当中，除了数据分析团队之外，还有一个观察团队。

企业的观察意味着通过各类市场调研等手段，对业务进行的实际观察，包括调研结果及其他定量数据。通常情况下，在 PPDAC 周期的提问阶段（以及在后面对分析结论的解读阶段），最重要的内容都是定性的。

焦点小组访谈、客户论坛、人口学调研及其他研究都属于跟踪和观察客户的手段，其产出结果对于增进我们对业务背景的了解至关重要。通过观察，能够有效地防止通过数据分析项目，得到对你来说完全无用的答案。

有一个故事很好地说明了这一点，不过这个故事的真假已不可考证。故事讲述了一名车主向汽车制造商投诉，称每当他吃香草冰激凌时，汽车就不能正常发动。他说，他们一家人每天吃完晚饭后，都会投票决定，要吃什么口味的冰激凌，然后再开车去超市买。每当香草口味胜出时，他的车子在回家路上总是无法正常发动，可当其他口味胜出时，车子发动时就不存在这个问题。

这个故事引起了汽车公司的一位高级工程师的高度兴趣。他来到了这位客户的家里，和他的家人共进晚饭，并仔细观察了客户投诉的问题。这个问题实在是太诡异了。

经过连续数日的观察之后，这个谜团终于被解开了。原来，放香草冰激凌的货柜就在商店收银台旁边。也就是说，客户购买香草冰激凌的时间要比买其他口味冰激凌更短。在短暂购物之后，车子并没有充分冷却。所以当客户发动车子时，发动机受到了蒸汽的影响，无法正常工作。而由于购买其他口味的冰激凌需要在商店里花更长时间，发动机得到了充分冷却，因此回家时车子就能正常发动了。

冰激凌的故事经常被人们提起。它说明：有时候只有通过实际观察，才能够解释一些反常的情况。例如，当你发现在一天中的某个时间点出现了销售高峰，这是否意味着客户的消费习惯很有趣，你可以将这一点作为条件，输入到客户细分的预测模型中。又或者，这只不过是因为，店员们有时候会将现金交易积攒起来，等到交班时或在不忙时才将它们录进收款机。只有通过仔细观察，才能了解事实的真相。

我合作过一家连锁影院。与其他影院相比，这里的爆米花和饮料的销售额低得可怜。相关数据分析人员马上就会想到，应该建立一个包含当地人口学统计、商场甜品竞争等因素的模型，来分析销量低迷的原因。

然而，我们在影院大厅门口站着观察了一个小时之后，就取消了建立模型的想法。这家影院的格局是长条形的。影院入口位于长条的正中间。入口的两侧，是通向放映厅的走廊，一条向左，一条向右。为了给观众提供更好的服务，避免他们走错方向，经理在入口处安排了专人为观众提供向导服务。这位工作人员会检查观众的电影票，并微笑着告诉观众，第四放映厅应该往哪边走；自然而然地，观众会顺着这位工作人员引导的方向前进，而完全忽略了在他身后还有一个售卖爆米花和饮料的柜台，更别提去那里买东西了。

仔细观察和积累实践经验，可以让真正的原因浮出水面，从而节省大量建立复杂模型的时间和成本。

案例分析

一家母婴产品供应商（供应婴儿车、婴儿床等商品）在客户满意度方面，遇到了一个难题。客户总是在购买时显得很开心，但在收到产品之后的回访中，却表现得非常失望，甚至纷纷打算转向其竞争对手。很显然，是送货环节出现了问题。但是，经过对企业物流和仓储部门的 KPI 分析，却并未发现问题的根本所在。

结果，企业绘制了一个端到端的客户流程图，进行了数次集体讨论，并在不同阶段对业务进行了观察，这才搞清楚了问题的原因。在销售过程中，营销人员向客户做出了不切实际的送货承诺，导致实际送货情况与承诺的内容不符。起初貌似是送货环节出了问题，经过调查后发现，应该从销售部门加强管理，严格规范承诺内容。结果，客户满意度问题马上得到了解决。

结论

而这，正是你和领导团队以及观察团队应该为数据转型发挥的关键作用。要想获得有价值的（给企业带来利润的）结果，准确提问至关重要。而在讨论如何提问时，尽可能多地考虑实际业务情况也是很重要的。

这并非一条单行道。没有充分考虑实际业务情况就盲目提问，就有可能存在钻牛角尖的风险。我见过太多的管理团队，自以为知道问题的答案。例如这样的问题：为什么客户选择了我们而非我们的竞争对手，或选择了对手而非我们？理由是他们在这个行业已经工作了多年，所以他们觉得自己心里明白得很。

当然，有可能事实的确如此。但我也见过许多例子，证明这种自以为是的答案最终并没有得到数据上的任何支持。因此，由于存在领导力的问题，实践经验和定性观察就变得更加重要，它们不仅可以影响并重塑着我们选择进行的数据分析，还可以规避上一章提到的企业领导因恐惧心理而形成的防御做法，并在我们开始数据分析之前，清除上述阻碍。

正如我们在前面提到的，对新事物的防备和恐惧心理，会导致企业故意忽视分析得出的结果。其原因可能是答案太难或压根不是领导们所希望听到的。同样地，作为企业的领导者，必须解放思想，才能在对企业数据提出问题和采纳分析结果时，保持开明的心态。

要实现这一结果，最佳方式就是管理团队与数据分析团队的紧密合作。管理团队至少应该比较熟悉数据分析，而数据分析团队则应对业务的基本知识有一定了解。当数据分析团队怀疑被问到的问题不正确时，可以向管理团队提出质疑；而当分析结果未能找到正确原因时，管理团队也可以不予采纳。

这种强强合作将我们引向了实现数据转型时必须做出的一个决定，我见过许多企业管理团队都为此感到万分纠结。这个决定就是：究竟应该发展企业自身的数据分析能力，还是应该将数据分析业务外包给外部顾问或机构。在下一章，我们将重点探讨自力更生（发展自身的数据分析能力）还是花钱外包这个两难的抉择。

✦ *chapter 15* ✦

第十五章

自力更生还是花钱外包

本章我们将回顾，企业在打造以数据为中心的过程中，所面临的最重要的组织机构安排。你应该招聘具备新技能的人才进入企业，还是与有资质的外部顾问和咨询机构合作？一旦企业有这样的人才，具备了所需要的技能，又应该安排在企业中的什么部门？

对决定进行数据转型的企业而言，最大的挑战莫过于组织问题。我们该如何获得数据转型所需的新技能呢？我们需要启动哪些项目来实现这一目标？在项目启动之初，我们应该如何与具备这些技能的顾问机构（如果有）打交道呢？

这些复杂的问题盘根错节。在展开关于组织建设和合作模式的讨论之前，我们有必要列出 3 个企业高管的决策原则。这些原则帮助许多企业成功实现了数据转型，同时，这些原则同样适用于企业的数字和移动平台的平行发展。

1. 宁可小步快走，绝不大步慢走

纵观近些年来的商业发展，这样的案例屡见不鲜：企业根据自己的需求，仓促做出了利用最新网络和移动技术进军电商的决策。而实现这一目标最好的办法，就是启动一个大型项目。最终，董事会签署了耗资数百万英镑、耗时数年的商业计划书，旨在彻底改变企业的服务面貌。

可问题是，开展如此之大的项目，对于企业而言本身就是一种巨大的冒险。项目的第一步是收集详细的业务需求。我曾见过一些企业，光是这一过程就花了一年时间，再加上项目推进过程中出现的不可避免的小摩擦，一晃几年时间过去了。当年做出的那个以最新技术培养能力的明智决策，最终被日新月异的技术所超越。变成：项目延期交付，费用超出预算，且项目交付时这些技术已经不再先进了。

这样的事情在数字化革新中屡见不鲜，在数据转型项目中也同样常见。我们在第一部分提到过，统一的客户数据库是全面了解客户终身价值的至关重要的第一步。我认识的一家企业就启动了这样一个项目。和大多数初次考虑数据转型的企业一样，这家企业的客户数据散落在不同的系统之中，需要先将这些数据整合在一起，才能建立这些令人兴奋的模型，进而了解客户终身价值的真实情况。

当他们找到我时，这个统一客户数据库的项目其进度不仅已经超时，而且还超支了。管理团队不明白其中的原因。通过仔细调查，原来项目组大动干戈地将所有可能的客户数据池都包含了进去，包括那些细碎的，坦白讲毫无价值的数据库，甚至还包括目前并不存在的潜在数据源。由于项目规划的范围如此之宽泛，想要在预算之内按时完成，才会变得如此之难。

在对项目进行了仔细审核之后，我们发现，大量重要的客户财务数据都集中在两到三个数据库中。如果只将这些数据库整合在一起，不仅花的时间要短得多，而且也能够为企业提供所需要的巨大分析价值。有时候，小步快走的效果才是最好的。

2. 扫清语言障碍至关重要

许多大型数据项目被外包给远在国外的团队负责完成。由于双方在语言沟通上存在障碍，导致项目的执行方式不可避免地与要求不符，这种情况十分常见。在此，我想谈的是语言统一的重要性。所有参与数据转型项目的团队，都应该使用两套统一的语言：一套是数据语言，另一套是业务语言。

正如我们在上一章所提及的，成功的项目都有一个必不可少的基本要素，那就是企业的管理团队和数据分析专家要通过合作来解决业务问题。反过来，这又意味着，管理团队必须对数据分析有足够的了解，才知道应该提什么问题，得到的答案可能存在哪些局限，需要针对分析结果采取哪些措施等。这还意味着，数据分析专家也需要了解企业的经营动态和价值驱动因素，以便将错误的提问调整为正确的提问，而不是刻板地提供统计学上正确，但对企业没有实际意义的模型分析结果。

也就是说，在招聘数据分析专家的问题上，无论你决定招聘个人还是与外部机构合作，成功的一个关键因素都在于，数据专家必须要对你的企业业务足够了解，才有可能实现你的目标。你的管理团队和外部团队需要相互了解，相互尊重，理解相同的术语，并使用像 PPDAC 这样的分析方法，在不断的适应与磨合中执行项目。

关于使用统一的语言进行沟通这个问题，也可以理解为，这代表了一个以数据为中心的企业的情商（EQ）。这和在日常生活中的情形一样，智商（IQ）代表着纯粹的分析推理能力，而情商则代表着我们与他人进行情感交流的能力。这与数据分析团队和企业其他部门之间的关系是十分相似的。

在上述关系中，数据交换、课题简报、模型建立和结果产出均属于智商范畴。领导团队和数据分析专家之间那种不那么冰冷的而是具有人情味的沟通部分，则属于情商范畴。正因如此，数据专家才能够更好地站在企业的角度，通过数据分析为企业带来价值。

如果管理团队被告知，黑盒子里有一份重要的业务数据结果，而且必须予以充分信任，那么，这种强势不带说明的要求势必会让人感到不满。因此，只有数据分析专家解释清楚了数据模型的工作原理，且分析结果与对业务情况的一般观察相符时，才能让终端用户感到满意。

能够深入浅出地解读数据分析结果是一种重要的能力。这种能力并不局限于企业的管理团队。有一家电信公司的数据团队打造了一款实时决策引擎（real-time decisioning engine），旨在提示客服人员向客户推荐由复杂模型测算出的额外产品。该模型运行正常，但问题在于，由于客服不清楚模型测算为什么要向客户推荐这些额外产品，造成该电信公司的客服人员在很大程度上并不认可测算的结果，进而选择放弃推荐。

在吸取了这次失败的教训之后，该数据团队又去了另一家企业。他们设计了另一款更简单、更容易理解的推荐引擎，并投入了大量时间，确保公司上到 CEO，下到普通员工，人人都了解并理解这个推荐引擎。

所以说，不论数据团队使用什么样的模型来向企业提建议，都必须保证企业的相关员工能够充分了解模型的用途，并能够理解且正确解读模型的分析结果。

3. 你无法从一开始就确定数据项目能为你带来多少价值

如果你早就知道了数据模型的分析结果，那么很显然，你就没有必要建立模型了。在现实世界中，想要将企业数据转化为价值，就需要不断试错，调整失败的模型，反复研究，直到你找到了能给企业带来最大价值的销售模型、坏账预防手段及库存管理流程为止。

如果到现在你才刚刚明白这个显而易见的道理，那么，你应该好好检讨一下，在你的企业中，这种发现和拥抱失败经验的精神是多么缺乏。下一章我们将探讨，要成为一个“在摸索中不断学习”的企业，需要满足哪些条件，并探讨为了真正激发创新能力，企业需要改进之处究竟会多到怎样令人惊讶的程度。事实上，对于许多企业而言，在推进数据转型的过程中，几乎每个职能部门都有需要改进的地方，比如他们实践了很长时间且早就习以为常的业务流程。

所以，在记住这 3 条原则之后，让我们言归正传。我想，作为企业高管，现在的你一定深受其扰。高层们面对的第一个问题：如果我需要加强企业的数据分析能力，我是应该招聘具备这些技能的人才，还是直接与相关专业机构合作？

当然，考虑到企业的起点以及能够获得的资源，不同的企业将会得到不同的答案。此外，值得注意的是，这个问题的答案不是非黑即白的。对于高层来说，也可以招聘几个高级数据管理人才，并通过与专业机构合作，来增强企业的数据分析实力。

随着时间的推移，这个问题的答案还会不断发生变化。随着企业的数据流和业务分析能力不断发展，你当初为了快速启动、抢占先机而做出的决策，有可能会发生改变。

尽管如此，要想着手行动，作为企业高层的你还是必须做出一个真正的决定。下面，就让我们来权衡一下自力更生和花钱外包的利与弊。

自力更生的决定：直接招聘

直接招聘，之后组建自己的数据分析团队具备以下显著优势。

（1）理论上讲，你可以建立一个真正了解企业核心业务的数据团队，避免出现前文提到的数据分析结果完全正确，但对企业毫无价值的问题。

（2）拥有了自己的数据团队，你就可以集中开发你所需要的分析技能，而不需要花钱从外包伙伴那里打包购买那些你用不到的数据分析技术。

（3）尽管高级数据人才很稀缺，聘请成本也很高，但是，自己直接组建数据团队，应该要比向另一家行业领先企业支付日常运营费用更划算。

（4）在打造一种创新和探索的企业文化，并庆祝从中所获得的成绩和商业回报时，企业会自然而然地形成一个团结的整体。不论数据分析团队所从事的工作多么客观和理性，他们依然是人，依然会因为看到企业的蓬勃发展而充满动力。自己的团队总是充满干劲和动力，这是外部团队所难以企及的，因为外部合伙人的工资不由你发，他们的忠诚度也不体现在你这里。

不过，组建自己的数据分析团队也存在下列弊端。

（1）要想掌握数据分析技能是很困难的。因此，许多企业在招聘数据分析专家时，进展都不太顺利，时间也拖得很长。根据你的企业所处的行业、企业的品牌甚至地理位置，对于求职的数据专家们而言，你的企业可能具备吸引力，也可能没有吸引力。

（2）当你的企业还是一家刚刚起步的初创公司时，招聘数据分析专家和其他分析师的难度是最大的。对于想出名的数据分析专家而言，他们更倾向于加入一家已成规模的大公司，做自己感兴趣的数据工作；而不是加入一家新公司，一切从零开始，因为对他们来说，这样做未免太冒险了。虽然，他们最终可能为公司的华丽转型立下头功，但是也有可能受困于前文提到的“孤岛”，最终一事无成。

（3）当你为企业招聘自己的数据分析团队时，还存在一些现实问题，比如，你真的清楚企业需要哪些技能吗？企业是否有能力区分哪些人是真正的优秀人才，而哪些人只是徒有其表。

花钱外包的决定：外部合作

同样地，在建立企业数据分析能力时寻求外部合作，也拥有下列优势。

（1）企业可以快速启动数据项目，数据分析团队只需一天即可全部到位。

（2）找到了合适的合作伙伴，企业就可以与优秀的专家一起开展项目了。后者训练有素，有在其他企业开展类似项目的丰富经验。这一点对企业非常有帮助。

（3）企业可以只在需要他们的时候开展合作，并随着时间的推移，根据需要调整合作力度，从而实现成本效益。

但是，外部合作同样也存在着下列弊端。

（1）根据我的经验，外包的费用通常会更贵，而不会更便宜。总有人需要为这些专家们买单。

（2）如果企业打算外包，就必须重点关注负责与外包机构联络的员工。讲得更直白一点，就是关注员工们是否清楚应该要求外包机构做什么。如果企业既不清楚自己需要什么，也没有能力判断得到的服务是好还是不好，那么外包就不是一个好主意，而且还有可能变成企业的大问题。我见过不止一家企业高管坚持要找某家机构做外包，因为企业高管曾在某次会议上或在某杂志上看到过这家机构。这种做法显然有些草率。

（3）根据外包机构的性质及其更广泛的商业模式，作为企业高层，你是否能够判断，他们对你企业的数据分析是否存在偏差？如果你聘请的是单纯的数据分析企业，那应该没有问题。但是，假如你聘请了广告公司的数据分析团队，而后者给你的建议大多是应做更多广告，你又会作何感受？所以有时候有很多企业都没有去真正实施有用的建议，因为这些建议来源的动机实在让人怀疑。

所以，在分析完上述利弊之后，结论是什么呢？我已经说过了，企业与企业的情况是不同的，因此，这个问题的答案也不是一刀切的。我会倾向于给出下列建议。

（1）你需要一位对数据和数据分析相当了解的高级数据主管，协助管理团队做出正确选择，不论你的企业是要自力更生，还是要外包合作，这位高级数据主管都是必需的。

（2）在拥有了数据主管之后，企业已经具备去购买数据分析服务的能力了，不妨通过与外部机构的合作，快速启动数据项目。如果你选择这样做，那么我将给你如下建议。

（1）选择专业的数据分析机构，而不要从你喜欢的广告公司、财务公司或管理顾问机构中物色数据团队。

（2）找一个离你办公室近的人，而不要找那些离你很远的人。

（3）将他们安排在你的办公室里工作，和其他公司员工坐在一起，而不要远程办公。

（4）随着工作逐步走上正轨，招聘自己的数据分析人员就不难了。你可以逐渐发展、建立起自己的数据分析专家队伍，从外包服务逐步转向自力更生。

当然，你们企业的情况可能会和我介绍的有所不同，我的建议未必适用于所有的企业。也许，你喜欢的会计师事务所拥有非常棒的数据分析团队，能够真正地帮到你的企业。无论你做出什么决定，请先充分衡量其中的利弊，并参考前文中列出的 3 个企业高管决策原则。

组织安排问题

在前文中，我提到了在向以数据为中心转型的过程中，可能会困扰你的两个组织机构问题之一，也就是自力更生和花钱外包之间的两难选择。而这第二个问题，当然就是应该将数据分析团队安排在你们企业的什么部门了。

关于应该将数据分析团队安排在哪个部门的问题，我曾经参加过不计其数的讨论：

（1）鉴于很多数据模型都与客户有关，应该安排数据分析团队和市场部一起工作吗？

（2）应该安排他们和财务部一起工作吗？因为数据分析工作也是和数字打交道，而且企业的分析师也在财务部。

（3）鉴于数据分析如此重要，是否应该单独为其设立一个部门？

（4）又或者，是否应该安排数据分析团队和技术部一起工作？因为数据分析也是技术的一个新领域，只不过以前企业没有招聘过这方面的人才而已。

我敢肯定，每一种可能的答案都被实践过了。有的企业还曾将数据团队安排在人力资源部，甚至安排在仓库里工作。事实上，我曾合作过的一家企业将最资深、最优秀的分析师全部安排在了物业部门，负责分析租赁条款。

当然，在数据转型的过程中，如何在企业的组织结构中安排数据团队，只是整个企业构架中的一个小问题。零售和消费企业所采用的组织模式和责任制度，更是多得让人眼花缭乱。线上和实体零售渠道是应该放在一起还是分开设置？应该由谁来决定最终价格和促销策略？采购部还是市场部？如果企业有物流或生产业务，它们又应该被安排到企业团队中的哪个部门呢？

要正确回答这些组织机构问题，需要具体企业具体分析，而且往往要看企业各部门的优势和劣势而定。在组织机构问题上，并没有一个放之四海而皆准的模式。

而你们企业在数据分析方面所做的投资，也是同样的道理。我们在本章列举的安排数据团队的所有方式，无论是显而易见的，还是与众不同的，都已经在某些企业中被实践过，也都曾被证明是有效的。当然，失败的情况也是有的。但数据转型的成功与失败，并不取决于数据分析团队被安排在企业的哪个部门。

以数据为中心企业的 4 项组织设计原则

当你为数据分析团队安排合适的位置时，应该将下列 4 项组织设计原则牢记于心。

（1）数据分析是跨职能项目，对企业各个部门都有益。因此，你建立的数据分析团队和你安排的数据分析主管，必须具备能够和企业其他部门打交道的素质，这一点至关重要。如果你的数据分析团队被安排在某个部门之中，而这个部门的负责人认为，“这是我的事，而不是别人的事”，并试图将数据分析团队孤立起来，那项目一定会失败。整个数据分析团队及其支持者都需要做好准备，敢于将他们的想法和分析结论公正地提供给整家企业。

（2）反过来，这又是对个性和意志的一种锻炼。数据分析的部门主管及其支持者必须有决心、有技巧，能够让企业其他部门看到数据分析带来的好处（正如我们所见，他们可能会因为变革而感到自己受到了威胁或挑战），并主动加入到数据项目之中。

（3）打造以数据为中心的企业还意味着，给数据分析部门在企业里安排一个合适的主导角色。如果给团队安排的位置太低，就会丧失与其他部门主管和同事接触的机会。要想完成数据转型，首先就需要企业打造全新的企业文化，而如果数据分析团队地位太低，则会使一切变得难上加难。

（4）正如我们看到的，在企业的高管中，负责数据分析的主管必须做到真的懂数据。他们将为外部机构和技术提供商签署大额支票，因此你必须关注，他们是否理解需要购买的是什么。但这并不代表着数据主管需要负责具体的数据分析工作，必须具备成为一名分析师的素质。数据主管完全可以由市场总监、采购主管或财务总监兼任。但是，他们必须精通数字，善于分析，并对数据分析能带给企业的价值保持好奇心。

牢记这 4 项原则，再看看企业里的高管团队和数据主管，你心中应该已经有了选择。下面，我将通过两个案例，进一步阐述我的观点。

案例分析一

一家零售企业认为，其在数据库和数据分析技术方面投入了很多，却并未获得多大的回报。经过调查，该企业的数据分析团队被安排在首席客户官（CCO）的部门中，该主管同时还该负责市场部和在线销售团队的管理工作。此外，企业中真正掌权的业务部门还包括采购部和财务部。

那么在这家企业中为什么数据转型的效果会欠佳呢？因为这样的组织结构最终会带来一场“完美”的风暴，它完全违背了上面列出的 4 项原则。首席客户官对数据分析团队并不满意，而且与首席技术官相比，前者根本不懂数据分析，这在一定程度上造成了工作关系的紧张。而且，首席客户官也并非企业的重要角色，导致采购部和财务部基本上完全忽略了数据分析团队的诉求，只是将其作为一个标准报告的来源而已。而通过数据分析给各个部门带来根本转变的艰巨任务，则根本无人问津。因此，数据分析团队化身为企业的初级分析师，处理着繁杂的报表任务，连坐在他们旁边的营销团队，都很少会在工作中用到客户数据。

案例分析二

还有一家多网点公司也做出了类似的组织机构安排，但却在数据分析方面取得了不小的成就，这是为什么呢？同样地，这家公司的首席客户官也负责数据分析工作，但是他的职位很高，是与首席财务官平起平坐的董事会成员，足以对该多网点公司其他部门和领域产生影响。整个高管团队对数据工作的重要性达成了共识。因此，从首席执行官到其他董事，一直都在关注和支持这个重要的数据项目。

初期取得的成就在公司里很快就传开了。结果，公司的每个部门都希望通过数据分析找到更好的工作方式。最终，数据分析项目的管理工作由首席客户官团队中一位外聘高管负责，他不仅精通数据知识，而且对公司其他部门的团队也能产生很大的影响力。同时具备这两种重要素质高级数据主管实属非常难得。

正如案例所示，将数据分析工作安排在业务职能部门，有可能成功，也有可能失败。这取决于我们提到的一些与人有关的原则。如果将数据分析工作安排在财务部、运营部等其他地方，情况也是一样的。在你的企业中，数据分析工作应该安排在有高级别主管的部门，且位置是否合适还与你所安排的项目负责人的个性、影响力和个人兴趣息息相关。

最后，我们也应了解，以数据为中心企业的 4 项组织设计原则也适用于客户研究和业务观察工作。而且，数据分析工作在企业的最好归宿往往就在观察团队中。事实上，许多以数据为中心的成功企业都设置了单独的数据分析和观察部门，因为许多数据分析项目的成功，都依赖于对客户重要消费行为的观察。

截至目前，第三部分探讨了在打造以数据为中心企业的过程中，克服领导力障碍的重要性，以及现有领导对于新事物产生的恐惧及由此产生的生存挑战。

我们阐述了 PPDAC 分析方法，并强调了在进行端到端数据分析时，企业不应该只满足于提出问题、等待答案，而应该真正地参与到分析过程当中。我们还讨论了正确进行组织机构设置的几个原则。

现在，还有最后一个问题我们没有讨论。它决定着企业数据转型的成败，那就是企业是否能够很好地应对变革。变革是好的数据分析项目带来的必然结果。让我们来看看，要使你的企业真正变成一家勇于变革的企业，都需要做些什么。

✦ *chapter 16* ✦

第十六章
变革的快乐

本章我们将谈一个与“如何将数据分析融入企业业务”同等重要的问题，那就是：如何成为一个能够轻松接受分析结果并实施业务变化的企业？

打造一家以数据为中心的企业，说到底，属于一项变革管理项目（change management project）。正如我们已经探讨过的，它是一个极具挑战性的项目。它不仅需要新的技能和技术，还意味着要向整家企业的身份和技能发出挑战，而且分析结果有可能会要求你对各业务部门长期使用的业务流程进行调整。这个工作量已不能用巨大来形容，所以如果一个企业成功地完成了数据转型，那真的可以称为奇迹。

很多企业都做不到这一点。正如我们在前文中提到的，新兴的电商企业之所以能够在竞争中脱颖而出甚至打败老牌企业，很关键的一点在于其客户数据是内置的。因此，这些电商企业更便于对客户数据进行分析，不断优化操作流程。老牌企业尽管资金实力更强、资源更多，却很难做到这一点。

如果我们不想经历这些老牌消费巨头的悲惨命运，就必须改变我们的企业。尽管向以数据为中心转型是一项复杂和困难的工程，但我们必须成功，而且越快越好。

为了做到这一点，我们必须搞清楚为什么在企业推行改革如此之难，为什么我们讨论的创新过程总是会遭遇失败。作为企业的领导团队，要想实现企业的创新、发展和变革，就必须注意以下 7 点，其中每一点都关系到企业数据转型的成败。

在摸索中不断学习

没人知道企业收集到的数据能够释放多少价值，但我们希望你能够知道。通过大量尝试新项目，使你从新项目中“发掘到黄金”的概率最大化。这意味着企业应该勇于尝试，放弃那些行之无效的项目，而将那些成功的经验作为企业的常态化发展的标准做法。这种做法，就是我们称为“在摸索中不断学习”（test and learn）的发展方法。

不过，“说起来容易做起来难”。

很显然，发展“在摸索中不断学习”的企业，对技术是有一定要求的。你可能需要将新业务以模块的形式挂靠到企业的业务系统中，在不需要时再进行脱钩。然而，大企业在寻求创新时，常常会抱怨他们陈旧的 IT 系统太脆弱了，都是用各种老旧的或没有记录的组件拼凑而成的，无法满足这种挂钩式的开发方式。

如果这种话你也常常听到，那么你的技术堆栈也可能成为发展的障碍。客户数据有可能难以整合到统一的客户数据库中，模型分析的结果也未必是值得采纳的建议。好的预测模型可能会提出改变库存分配方式或改进客户营销策略的建议，这些建议都能为企业带来价值。可如果这些建议被冷眼相待，或者动辄需要大笔资金和半年的开发周期，那么数据转型只能成为一个遥不可及的梦。

因此，改进技术基础设施很可能成为你的企业进行数据转型以及其他必要业务变革的重要推动器。这种改进并非是朝着一种“适应未来”的方向发展，因为你并不清楚未来的具体情况。其改进方向应该是增强系统模块的灵活性，为不断的摸索和尝试提供技术上的支持。

不过，发展“在摸索中不断学习”的企业，还有着其他众多要求。例如，关于测试项目的财务分析方式是不同的。如果有人在企业财务会议或在资本支出的过程中，提出关于“能否保证这个项目会得到回报”的问题，那么答案当然是“不能”。因为根据定义，摸索的意思就是尝试，你并不知道结果是什么。

在数据分析之后，关于测试项目更好的财务管理方法是一种风险投资人会采取的方法，那就是与其问“这个项目是否会得到回报”，倒不如问“要花多少钱才能搞清楚这个项目是否会得到回报”。

拥有长期和短期规划

从资本利用到风险资本的模式转变，同样涉及企业的战略规划方案，因为这会影响到长期规划的整体效果。

作为企业的高层领导，如果你不知道哪种尝试能够成功，那你又如何能够为明年制定一个可行的业务发展规划呢？更别提三年或五年规划了。

而有趣的是，这更要求你所制定的战略规划更富战略性。它不应该是一堆资金的使用计划，每一种都预测着某种现实中你无法清楚知道的市场影响和回报。你的规划目标应该是指出企业希望发展的方向。

例如，如果你数据分析的目标是让企业变得比竞争对手更具成本效益，那么，这个目标就成了你规划时的“北极星”。另外，如果你规划的目标将企业置于一个可以衡量的并因此而采取行动的位置，比如客户终身价值，那么这也将成为你所希望的数据转型方向。

以这种形式表达的战略变成了一副滤镜，可以用来过滤所有尝试和需要学习的项目。如果你的每一次尝试不仅成功了，而且还带领企业走上了你希望的发展方向，那么长此以往，你的企业必将走上正确的成功道路。

你看重什么，就得到什么

而这个过滤的过程，本身就会给你的企业带来许多改变。想一想你所衡量的东西，以及你如何利用这些衡量标准来追究员工的责任。我们经常会看到，在目前的全渠道经营环境中，过去的单纯的店铺衡量标准已经不再适用了，就连同店同类收入增长这样的基本衡量标准也需要三思而后行了。因为企业的销售额中有很大一部分都是在网上完成的。

例如，我曾与一家商超集团合作，这家店铺的网上销售额并不包含在店铺的营收之中，店铺从网上销售中获得的利润回报也在经营利润中被扣除。由于这种 KPI 设置上的简单错误，导致店铺眼睁睁看着自己的功劳被与他们毫无关系的规则所抹杀，而店铺销售团队的积极性也受到了影响。

在推进数据转型的过程中，许多 KPI 标准都应该做出调整。在项目刚刚启动时，调整 KPI 可能是为了保障数据真实性和数据收集工作。在本书第二部分，我们提到过，如果你打算在收银台收集客户的电子邮件地址，那么这将不可避免地成为一项 KPI 指标，并对各家分店的情况进行衡量和报告。但 KPI 排行榜上的指标不宜过多，否则反而可能会一无所获。因此，当你提升了新 KPI 的重要性时，也应该放弃一些指标。

如果你希望通过数据分析项目，尝试一系列新的想法，那么，你需要重新对 KPI 进行设置。你需要衡量正确的内容，以判断你的项目是否有效。如果你认为一个新的库存分配流程可以减少滞销产品的库存量，就需要找到一个衡量标准，来反馈项目是否达到了这一效果，而不是另外建立一个新模型，对得到的数据继续进行分析。

数据让你得以专注于更加富有战略价值的长期规划目标，例如客户终身价值。即便是拥有众多会员并开展大量分析工作的零售商也不例外。他们经常在战略报告中提到客户终身价值，但依然会每周一坐在一起开会，讨论每周的业绩报告。这些报告首先单独列出了实体店和在线销售额，而后是分类产品的销售额，但并没有包含最具价值客户在上周的表现。这很正常，也可以理解，因为这就是大多数报告中数据的呈现方式。但是，如果他们的报告首先是一份基于客户的报告，而销售渠道的划分是事后考虑之事，那么这份报告对推动企业发展将更有价值。

如果企业从旧的 KPI 体系过渡到新的需要一段时间，那么，你的管理团队还将面临一个额外的挑战，那就是如何在业务发生变化的同时，解读发生改变的 KPI 指标。例如，一家大型零售商有长期稳定的客户群，大型零售商可以通过会员卡跟踪这些客户的消费情况。后来，零售商迈出了合理的下一步，开始为客户提供网购送货服务。于是，KPI 指标中出现了一些有趣的情况。数据显示，新推出的网购业务发展迅猛，但却客户流失严重。

当然，对于任何有推广线上购物经验的人而言，这一现象根本不足为奇。作为零售商大力推广的新服务，很多顾客必定都会去尝试。大部分客户会习惯使用新服务，成为固定客户，而也会有一部分人觉得，新服务不适合他们，于是不再使用。正因如此，在新业务的初期发展阶段，你往往会看到较高的流失率，这几乎是不可避免的。

我们已经探讨过，关于送货上门服务，真正应该提问的是，它是否增加了使用该项服务的客户的终身价值，因为这些客户必定也在实体店里消费过。但是，由于服务太新，数据也不够全面，要想得出这个问题的答案，必须要求领导团队严格自律，正确解读不同销售渠道的 KPI 数据。在现实的团队中，有大部分领导者认为，新的网购业务不仅利润率低，还存在客户流失问题。这种观点从数字上看没错，但是，今天的我们都亲眼见证了，这种说法是不正确的。

改革落地要比我们想象得更难

有一家消费企业拥有合理的数据流和有效的会员卡计划。他们认为在下一季度中最好的营销策略是：在向关注某个话题的客户进行电话推销时，通过交叉销售提高客户的消费概率。该做的模型分析都已完成，结果显示，对许多客户而言，这理应带来下一次购物，并将对客户终身价值产生巨大的影响。

几周过后，负责会员 KPI 的主管很想知道，为什么营销的结果如此之差。客服中心的电话推销转化率严重低于预期。

他去客服中心进行了实地调查，并发现了两个重要问题。第一个问题，交叉销售的界面是客户需要点击的第七个界面，而他们往往没有时间点击这么多次，或者直接丧失了继续点击的意愿。由于设计不够合理，导致客户的营销转化率没有达到应有的水平。

第二个问题和技术的关系不大，但却更致命。在会员交叉销售的营销方案实施的同时，这家大型消费企业又在另外的一个部门里推出了一个新品促销计划。而这另外一个部门，为客户中心的客服们提供了奖金，激励他们推销这款新产品。可想而知，新产品占据了客服们的全部注意力。

这种令人懊恼的技术问题和促销安排，可以让最简单的业务变革都无法进行。假如董事会决定的一项变革没有达到预期效果，那么其根本原因有可能非常简单。

而针对数据分析项目，改革难以落地还有另一层问题。通常情况下，建立一个新的数据库，或者对业务数据进行分析，都需要进行到最后阶段才可能产生价值。这会让人觉得，做了 90% 的工作，才带来了一点点价值。这就好比在玩拼图游戏，只有拼好最后几块，才能体现出拼图展现的真正的价值。

第三部分第十三章的案例恰好说明了这一点。由于一个关键数据库（会员卡数据库）因为预算和时间等原因被排除在外，使所有投入在整合不同数据库的客户数据上的资金、时间和精力都失去了意义。而整合部分客户数据，远远没有整合全部客户数据更有价值。也就是说，整个项目的投资都被浪费掉了。

因此，要想改革项目顺利落地，需要管理者对实际执行过程中可能出现的障碍有准确预判。同时，还需要管理者关注任务的完成情况，确保项目最关键的收尾阶段顺利实施。

人的问题

所有关于在摸索中学习的发展和创新，都和企业的人员、文化和价值观息息相关。毕竟，那些因没有参加失败项目而暗自窃喜的管理团队，也不可能做出乐于尝试新鲜事物的事情。

根据我的经验，能够在日新月异的环境中取得成功的领导团队，都是那些注重企业文化对改革影响的团队。也就是说，企业改革的尝试成功也好，失败也罢，都值得庆祝。这意味着，企业应积极培养一种勇于求新的文化，而不是守着一个建议箱无所事事。

正如本书开头提到的，企业在向以数据为中心转型时，特别容易刺激到管理团队中不敢为人先的保守派，因为变革所挑战的恰恰是我们管理团队的能力和经验。

我在这句话中提到了“我们”，是有用意的。如果你和你的领导团队在白板上做一个头脑风暴练习，讨论哪些因素可能阻止你的企业成为一家以数据为中心的企业，那么我敢肯定，对变革的抵触必定会在其中。但是，你也需要接受，在一个团队中，这样的抵触情绪并不是你会观察到的，而是你自身就会表现出来的。在领导团队中打造包容的氛围，让大家都能接受在被人发现身上有这种抵触情绪时，可以开诚布公地指出来，然后相互帮助，这也是企业实现转型的一个基本要素。

倾听客户心声的能力

防御是惧怕改变的管理团队共有的一个重要特征，尤其是当你提出倾听客户的心声时，这一点表现得尤为明显。但是，倾听客户心声是实现数据转型的必由之路，在前文中我们已多次提到这一点。

不论是在焦点小组访谈中，还是其他与客户互动的会议中，和客户坐在一起谈心往往会带给你一种复杂的体验。因为，这种接触未必能为你的企业带来一些新颖的好点子。一群客户突然提出了你们自己从未想到过的创意，这种概率实在比较低。同样，许多关于产品的回访沟通，最后都归结到了更优惠的价格上，这几乎是所有回访工作结束后的默认反应。

但是，焦点小组访谈的好处在于，找出了客户对企业的不满之处。客户总是会毫不留情地告诉你他们的不满，也正是这一点，为数据分析提供了条件。

在这种情况下，也许你的每一根神经都想为自己辩护。在许多企业组织的客户互动环节，我都看到了这一幕。有人会说："有些情况你还不太了解……"接着开始向客户解释，他们为什么不应该因此而指责企业，不论他们指责的内容是什么。

但你需要知道，这种交流不仅是徒劳的，而且还会错过绝好的机会。因为客户所抱怨的痛点，恰恰是你的竞争对手们试图要为他们解决的问题。初创企业每一次击败老牌企业，都是因为初创企业及时提供了客户所需要的东西。

我们在前文中提到，要想有效推进数据分析项目，就必须首先提出正确的问题，这一步至关重要。我们还研究了通过回顾企业各部门情况和数据来源，提出正确问题的双向过程。通过聆听客户心声，了解对企业中各流程的看法，我们找到了提出问题的第三种途径：倾听客户不满意之处，并将这些问题作为改革的灵感。

要想真正改变企业，你需要牺牲一些赚钱的门道

如果说，老牌企业为了与新兴电商们竞争而推行了数据改革，却不可避免地影响了企业当前的利润驱动因素，这恐怕是谁都难以接受的。可是，这种情况却一直在持续出现。实际上，很多时候，正是因为老牌企业不愿意牺牲这部分利润，才让企业在电商新贵面前岌岌可危。

试想这样的一个场景，数据显示，你从某一个特定的细分客户群身上赚到了很多钱，而这群客户使用了信用卡等融资渠道来进行支付，也就是说，你赚到的很多钱其实是这些客户透支来的，而事实上，他们难以支付每个月的还款。在明白了这些利润的来源之后，你还认为这样的利润是可持续的吗？

如果在你的市场中，有一个后来者能够识别这些客户，通过为其提供更宽松的还款条件，解决他们的痛点。你是会坐以待毙，任由竞争对手抢走这批有利可图的客户（他们会通过解决客户痛点来赢得客户的忠诚度），还是采取行动，使你与这些客户的长期关系发挥最大的价值呢？

这说起来容易，做起来难。对于一个企业而言，为了明天的利润而牺牲今天的利润真的很难做到。一位移动公司的高层主管常常说，正因为客户不了解如何优化他们所购买的套餐，产生了额外的数据和漫游费，才让公司业务有了一个巨大的利润来源。当然，在此后的几年中，行业竞争和监管行动几乎压缩了所有这些利润来源，对公司收益变动的影响可想而知。

在另一个案例中，一家大型零售商精心打造了一个自有品牌的网购送货服务。该零售商指出，希望能够确保端到端购物的统一优质服务，包括配送水平以及货车和司机所代表的品牌形象。企业中的一个团队观察到了诸如户户送（Deliveroo）这种外包零工经济的兴起，便决定调查一下，如果企业使用外包快递服务，结果会怎样。毕竟，如果替代方案的经济效益更好，客户体验也不会明显变差，那竞争对手们应该都会选择这样做，难道不是吗？

可以预见的是，这个团队在研究替代方案的过程中，遇到了重重阻碍。他们被质问，为什么要试图与企业现有的送货业务进行竞争，结果导致调查进展缓慢。

当然，随着社会和政府对零工经济的普遍抵制，案例中的零售商很可能会坚持使用自有品牌的送货服务。但是，他们选择这样做的原因显然是错误的，因为他们只是不希望自己人和自己人竞争而已。

结论

要想成为以数据为中心的企业，释放拥抱改革和创新的意愿是至关重要的一环。做不到这一点，最多只能建立一个有趣的业务数据观察来源，仅此而已。而只有在观察的基础上不断尝试，然后将最成功的尝试经验作为企业的新标准，才能够释放出数据中的价值。

事实证明，在妨碍企业创新的障碍中，许多都是人为的。有的人在新术语、新技术面前感受到了被淘汰的恐惧，因此固执地拒绝聆听客户的反馈，还以“客户不了解实际情况”为借口。其实，这正是企业的管理团队和作为领导者的我们自己所面临的心理考验。

至于解决方案，当然需要企业的领导团队就改革的必要性和阻力达成共识，这一点无一例外。只有当领导团队内部对变革的说法达成一致，不惧怕变革给彼此带来的挑战，才有可能带领企业成功转型。

而在这一过程中，我们还要认真思考，我们在创新和变革过程中所设置的结构性障碍。我们讨论过财务评估流程和 KPI 报告如何会成为变革的障碍，而其他业务部门也会如此。人力资源部的绩效评估是否奖励了那些乐于尝试和学习新事物的人？还是只奖励了那些做出成绩的人，结果形成了一种没人愿意尝试任何新事物或冒任何风险的企业文化？

在本书第三部分，我们探讨了为将数据分析融入企业核心业务，企业可以采取的一系列行动。从聘请专家或顾问，到组织机构的建设，以及提倡变革和创新的企业文化，每一步都在为将数据分析转化为企业价值助力，每一步都在将数据打造为你与新老对手竞争的真正资本。

事实证明，数据分析并不只是分析师的事。

写在最后

数据分析，是商业竞争中差距最为悬殊的领域之一。新兴的电商企业通常是由数据专家们创办的。在建立之时，客户数据就已经被整合进了企业的系统之中。随着对客户数据和经营数据的反复分析，这些企业的经营能力得以不断地改进、提高，以寻求降低成本和提高利润的机会。

这些新兴企业通过定期的测试和实验，产生了更多数据。例如，他们向不同客户展示略有差别的网页，以观察哪些网页产生的点击量最多。这些善于进行数据分析的企业开启了一种守擂 / 攻擂的机制，每个部门都在不断接受挑战，以找到更好、更有效的方法，形成新的业务标准。

在不断改进的过程中，这些企业也会通过数据分析，提出更宏观的问题。例如，应该推出哪些新产品和新服务，或在相关行业寻找新客户的痛点，并在能够实现盈利的情况下予以解决。这些企业中的数据团队处于各部门的核心地位，有充足的资金，能够建立更新、更好的数据模型，并自主决定研发项目。这些企业才是那些有着大好前途的数据领导人才真正愿意工作的地方。

在这些企业中，就连其他团队也很习惯于由数据驱动变革。随着业务不断发展，就连最传统的运营团队也为自己对数据分析的理解而感到骄傲。现代化的核心 IT 系统从设计之初就允许进行业务测试和实验，只为促进企业不断变革。

因此，也难怪管理团队中会有人觉得这很可怕。

与这些数字初创企业相比，与之竞争的老牌企业则是天壤之别。老牌企业受制于缺乏灵活度的老一代 IT 系统，中高层领导对于数据一无所知，在出售商品时没有留下客户任何信息，手中掌握的客户数据少到根本无法进行任何分析。

他们对于数据库和相关技术的投资是缓慢的，而且很难将客户数据整合进核心业务系统。尽管他们也聘用了一两名数据分析师，但这些数据分析师很快就陷入了撰写日常报告的工作中。

企业的核心管理层依然在按照以往的方式进行关键决策，比如是否开设新店、采购和销售哪些产品、如何定价、何时进行促销等。除了参考一些电子表格，管理团队基本上都是通过本能和过去工作的惯例进行决策。所以这些企业只能算是发展型企业，而不是变革型企业。

而如今，面对数据革命和积极"攻擂"的新兴企业，这些老牌企业正在被快速击败。

如果你也听到过这种令人担心的说法，那么我希望，这本书能为你的企业提供另一种不同的愿景。因为现实的情况是，结局不一定是失败。全世界有许多大型消费企业都进行了数据转型，而且都成功了。事实上，有许多率先推出客户忠诚度计划、大规模个性化沟通和通过计算机对客户群体进行细分的先驱者，都是历史悠久的零售和技术企业。

那么，你的企业需要做些什么，才能加入他们的行列呢？向以数据为中心转型，与初创企业一同竞争吗？

首先，你需要一个熟悉数据分析的领导团队，乐于提出数据分析能够解决的业务问题，对数据给业务带来的变化感到兴奋，并对企业向以数据为中心转型充满信心。

我们已经在本书中探讨了一些数据分析技巧，还研究了我们已经掌握或可能收集到的数据。我们解读了客户忠诚度计划，并探讨了其替代方案。我们解释了数据分析不仅能够改进我们与客户的沟通，还能重塑企业的产品开发、库存分配、物流派送及采购等各项流程。

但更重要的是，我们探讨了一个领导团队在数据转型过程中的作用。决定老牌企业生死存亡的并不是技术或算术技巧，也不是他们聘用优秀数据专家的能力。真正决定企业生死的是企业文化、价值观和管理团队的态度。

对变革的恐惧、对新事物的排斥，以及对走上数据转型之路后个人前途的担心，都是让企业走向衰亡的潜在因素。

打造以数据为中心的企业，意味着挑战所有这些困难。企业的上上下下，即各个部门都需要进行变革。从技术基础设施的硬变化，到财务评估流程和人力培训计划中的软变化，一切都需要改头换面。

是的，在这一过程中，你需要培养一定的数据分析能力，收集客户数据，对这些数据提出有意义的问题，并根据数据分析结果采取行动。

那些真正以数据为中心，围绕客户终身价值打造品牌，并成为行业变革领军者的企业，都将获得巨大回报。

祝愿你的企业转型之路一帆风顺。期待下次我能够有机会，写一篇关于你企业的成功案例分析。